专注室内设计图书

全解家装图鉴系列

一看就懂的
家居软装书

理想·宅 编

中国电力出版社

CHINA ELECTRIC POWER PRESS

内容提要

本书涵盖 20 种居家必备的软装元素，搭配精美的实景图解，从软装元素的类别、搭配技巧、布置方法，到软装色彩、软装材质，以及不同人群、不同家居风格的软装搭配等。内容全部深入浅出的进行讲解，旨在帮助读者快速掌握软装元素的搭配技巧、成功打造属于自己的理想软装。

图书在版编目（CIP）数据

一看就懂的家居软装书 / 理想·宅编 . — 北京 ：
中国电力出版社，2017.1
（全解家装图鉴系列）
ISBN 978-7-5123-9841-2

Ⅰ．①一··· Ⅱ．①理··· Ⅲ．①住宅 - 室内装饰设计
Ⅳ．① TU241

中国版本图书馆 CIP 数据核字 (2016) 第 234550 号

中国电力出版社出版发行
北京市东城区北京站西街19号　　100005　　http://www.cepp.sgcc.com.cn
责任编辑：曹 巍　　责任印制：蔺义舟　　责任校对：常燕昆
北京盛通印刷股份有限公司印刷·各地新华书店经售
2017年1月第1版·第1次印刷
700mm×1000mm 1/16· 14 印张· 297 千字
定价：68.00 元

前 言 Preface

　　软装饰，通俗一些说，是指装修完毕之后，利用那些易更换、易变动位置的饰物与家具，如窗帘、沙发套、靠垫、工艺台布及装饰工艺品、装饰铁艺等，对室内进行再次地装饰和布置，使空间变得丰富起来，更方便人们的使用。室内空间各个界面的装饰共同构建的是一个基本的框架，框架之中的内容则完全要依靠软装饰来表现。可以说，室内环境的氛围和风格大部分是依靠软装饰来主导的，如果没有恰当的软装，空间的装饰效果会大打折扣，这也是人们为何越来越重视软装设计的原因。

　　本书由理想·宅Ideal Home倾力打造。本书将家居软装拆解为软装家具、软装饰品、软装材质、软装色彩、不同人群的软装搭配、不同家居风格的软装搭配六大章节，每个章节从类别介绍、软装搭配及布置技巧等方面都做出了深入地解析，全方位有系统的资料整理与分类，完整解答读者对于软装布置的所有疑惑，令读者不用依赖设计师、不必花大钱做装修，亲手打造属于自己的完美家居。

　　参与本套书编写的有赵利平、武宏达、杨柳、黄肖、董菲、杨茜、赵凡、刘向宇、王广洋、邓丽娜、安平、马禾午、谢永亮、邓毅丰、张娟、周岩、朱超、王庶、赵芳节、王效孟、王伟、王力宇、赵莉娟、潘振伟、杨志永、叶欣、张建、张亮、赵强、郑君、叶萍等。

目录

Chapter ④

软装色彩

Chapter ⑤

不同人群的软装搭配

Chapter ⑥

不同家居风格的软装搭配

Chapter 1

软装家具

沙　发

茶　几

电视柜

餐桌椅

餐边柜

床

衣　柜

梳妆台

玄关柜

书　柜

沙发

家居交流沟通枢纽

（1）在客厅的家具布置中，沙发可谓是最抢眼、占地面积最大、最影响居室风格的家具。因此，在选择家具时首先要确定沙发的大小、款式和颜色，然后再配置其他家具和饰品。

（2）常用的沙发类别包括传统沙发、现代沙发、简约沙发、布艺无脚沙发、皮革沙发。

（3）由于沙发的种类很多，款式不一，往往令人眼花缭乱。因此在搭配时，应注意居室的整体环境。最简洁的方式为选择色彩简洁的经典款，再结合居室风格搭配一些相宜的抱枕，就能轻易变换居室风格。

（4）沙发面积占客厅空间约25%最为合适。沙发的大小、形态取决于户型大小和客厅面积，不同的客厅沙发的选购也会不一样。比如狭长的客厅选用一字形的沙发，会节省空间。

搭配合理的沙发花色可以令客厅更生动

虽然印花时髦或图案鲜明的沙发容易局限客厅风格，但如果搭配合理，则可以令居室显得生动有活力。如选择花色活泼有趣且图案耐脏的布艺沙发，可以令居室充满艺术感；或者用垂直条纹的沙发来拉长、放大客厅的空间感。

▲淡绿色的椅子和粉色的沙发抱枕属于对比色，强烈的视觉冲击力，令客厅更加活力多彩

▲大花形布艺沙发令空间更加唯美

一看就懂的沙发分类

Chapter 1　软装家具

软装饰品

软装材质

软装色彩

不同人群的软装搭配

不同家居风格的软装搭配

1 传统沙发

传统沙发的特征为圆弧线条搭配古典细节，如拉扣、打褶、裙边等。传统沙发外形常常带有一种包覆感，令人感到舒心、安全。

2 现代沙发

简单干净的线条和四方的外形是现代沙发的特色，拥有一种休闲、清爽的氛围，又不失设计感，非常适合现代风格和简约风格的客厅。

3 简约沙发

简约沙发多为素色，线条简单利落，且易于搭配，因此受到不少业主的喜爱。但由于形式过于简约，若空间中有较为突出、耀眼的家具或摆件，这类沙发就容易被忽略。

4 布艺无脚沙发

布艺无脚沙发因其特有的褶皱外形也被称为"沙皮狗沙发"。简单的褶皱很有层次感，摆放在客厅中有种说不出的舒适、放松感。

5 皮革沙发

皮革沙发经久耐用，用得越久皮革光泽越亮丽、触感越柔软。此外，皮沙发会给居室带来气派感，成为客厅中完美的加分装饰。

① 依据墙面尺寸选择沙发

在选择沙发时，可依照墙面宽度来选择合适的尺寸。要注意的是，沙发的长度最好占墙面的1/3~1/2，这样空间的整体比例才较为舒服。例如，靠墙为5米，就不适合只放1.6米的双人沙发；同样也不适合放置近达5米的多人沙发，会造成视觉的压迫感，并影响居住者行走的动线。另外，沙发两旁最好能各留出50厘米的宽度，来摆放边桌或边柜。

▲清透、明亮的蓝色墙面，搭配素色的沙发，令客厅产生了跳跃的节奏感

② 根据客厅空间确定沙发尺寸

　　小客厅：小客厅可以选择双人沙发或者三人沙发，一般10平方米左右的房间即可摆放三人沙发。

　　大客厅：客厅空间较大，可以选择转角沙发，这种沙发比较好摆放。另外，还可以选择组合沙发，即一个单人位，一个双人位和一个三人位（客厅需要25平方米左右）。

③ 根据家居主色选择合适的沙发抱枕

　　客厅色彩丰富：选择抱枕时最好采用风格比较统一、简洁明了的颜色和风格。这样不会使室内环境显得杂乱。

　　客厅色调单一：沙发抱枕可以选用一些冲击性强的对比色，这样能活跃氛围，丰富空间的视觉层次。

沙发和墙面颜色搭配技巧

空间为主角	以空间墙面颜色为主要色调，饰品做点缀。整组沙发与墙壁色彩相协调，客厅大，整组沙发的色彩可以大胆。想要有焦点，以一张特殊造型及色彩的单椅来跳出
协调相近色	不要选用暖色调色彩明亮的装饰画，否则会让空间失去视觉焦点
律动对比色	对比色具跳动感，红壁纸绿沙发，强调了沙发的形状，很跳但容易看腻，建议一般不能多用，只能使用在重点区域。橘、红、黄的暖色沙发，和与其对比的蓝、绿、紫的冷色墙面相互搭配起来，除了色彩鲜明，还能产生韵律感，同时又不会太跳，可以大面积使用

一点就通的布置方法

1 一字形

一字形是最简单的布置方式，适合小面积的客厅。因为家具的元素比较简单，因此在家具款式的选择上，不妨多花点心思，别致、独特的造型能给小客厅带来变化的感觉。

2 L形

L形是客厅家具常见的摆放形式，适合长方形、小面积客厅内摆设，而且这种方式有效利用里转角处空间，比较适合家庭成员或宾客较多的家庭。可直接选择L形组合沙发，或者将三人沙发与双人沙发组合摆放成L形。

3 U形

U形布置在我国传统厅堂、现代风格陈设较为普遍。这种方式最节省空间，能拉近宾主之间的距离，营造出亲密、温馨的交流气氛。一般由双人或三人沙发、单人椅、茶几构成，也可以选用两把扶手椅，要注意座位和茶几之间的距离。

4 对坐式

将两组沙发对着摆放的方式
不大常见，但事实上这是一种很
好的摆放方式，尤其适合越来越
多的不爱看电视的人。面积大小
不同的客厅，只需变化沙发的大小
就可以了。

5 围合式

围合式布置方式是以一张大沙
发为主体，配上两把或多把沙发或椅
凳，在固定了主体沙发的位置后，另
外几个辅助椅的位置可以随意摆放，
只要在整体上形成一种聚集、围合的
感觉就可以。围合式家具布置法适用
于大小不同的空间，而且在家具形制
的选择上增加了多种变化。

TIPS:
布置沙发需避免的事项

（1）沙发顶上不宜有灯直射。灯光从头顶直射下来，会令人的情绪紧张，头昏目眩。因此，
最好将光源改装射向墙壁。

（2）沙发顶忌横梁压顶。沙发上有横梁压顶，会在视觉和心理上给人带来压迫感，应尽量避免。

（3）沙发勿与大门对冲。沙发若与大门成一条直线，开关门时会带来冷空气，给人体造成
不适。

茶几 客厅空间重要的配角

软装快照

（1）小小的茶几就是客厅空间的中心点，所有家具都是绕着它运转。茶几的造型会影响其他家具的配置。挑选茶几的款式和材质时，得先从沙发下手，找出和沙发相反、又能互补的样式。

（2）常见的茶几类别包括沙发桌、玻璃茶几、大理石茶几、木质茶几、藤竹茶几。

（3）配色时最好选和客厅整体家居的风格相适宜的茶几。造型上也要以和谐为主，与沙发、周围的家具协调一致才能达到视觉上美观、功能上实用，可以选择带有抽屉等具有收纳功能的茶几。

（4）茶几在摆放时要固定位置，不要随意来回移动。如果客厅空间充裕，可以将茶几摆放在沙发前面；倘若沙发前的空间不充裕，则可在沙发旁摆放边几；在长条形的客厅中，宜在沙发两旁摆放边几。

独立茶几的材质要与其他家具材质相呼应

若是购买独立的茶几，则要留意其材质是否出现在客厅中的其他地方。例如，选择大理石台面的茶几，却忽略家中并没有相同材质的物件，会造成单一材质突兀地出现在空间中，与客厅空间难以达成协调性。最好根据沙发的款式和材质搭配互补的样式。

▲小巧精致的木质茶几与同色系的沙发搭配和谐，与黑色的边几形成鲜明的对比，又不会显得过于突兀

▲沉稳的木色茶几与墙面的壁纸非常契合，共同演绎出浓郁的异域风情

一看就懂的茶几分类

Chapter 1 软装家具

软装饰品

软装材质

软装色彩

不同人群的软装搭配

不同家居风格的软装搭配

1 沙发桌

沙发桌曾是流行一时的款式，多用在现代风、简欧风、混搭风的客厅布置。因为是沙发材质，也可以挪为座椅使用，挑选时要注意桌子的稳固度，以及台面的面积能放置小物。

2 玻璃茶几

玻璃茶几也是常见的造型桌；选购时需注意桌面是否是强化玻璃，厚度最好超过2厘米；在收纳时也要注意，把杂物放在下方空间时，必须少量、整齐，否则会令整个空间看起来更加凌乱。

3 大理石茶几

大理石茶几看起来很时尚，而且非常耐用，容易清理，不易损坏。一般台面是由大理石做成，但是底座可能由其他材料代替，比如实木、不锈钢、烤漆板等。

4 木质茶几

木质茶几的天然材质与纹理，产生与大自然的亲近感，色调温和、工艺精致，适合与沉稳大气的沙发家具相配。

5 藤竹茶几

藤竹茶几显示出自然主义的倾向，风格沉静古朴，适合木质的沙发或者藤质的沙发，以配套家具为宜。

一学就会的搭配技巧

1 茶几要和沙发互补并形成对比

选定沙发为空间定位风格后，再挑选茶几的颜色、样式来与沙发搭配，就可以避免桌椅不搭调的情况。最好选择和沙发互补，又能形成对比的样式。例如，选择自然舒适的布艺沙发，可以配合北欧简约风格的塑料材质小茶几、小型玻璃茶几及长方形金属茶几等。

2 茶几要注重功能性

随着都市人生活节奏的加快，很多家庭对于打理家中杂物的事情便很不上心，这样的情况，就推荐选择带有抽屉等具有收纳功能的茶几，如果喜欢喝茶，茶几还可以变成茶台。

3 小客厅茶几的搭配技巧

小客厅可以摆放椭圆形等造型柔和的茶几，或者是瘦长形等可移动的简约茶几。另外，客厅茶几可以简单分为底部镂空及有抽屉的两种。后者因多了收纳空间而较受欢迎，但如果客厅面积有限，则建议选择镂空型茶几，在视觉上带来扩大空间的效果。

4 大客厅茶几的搭配技巧

如果在大空间，可以考虑摆放沉稳、深暗色系的茶几。另外，在厅室的单椅旁，还可以挑选较高的边几，作为功能性兼装饰性的小茶几，为空间增添更多趣味和变化。

一点就通的布置方法

Chapter 1 软装家具

软装饰品

软装材质

软装色彩

不同人群的软装搭配

不同家居风格的软装搭配

① 茶几摆放符合人体工学，动线才会顺畅

茶几摆放在触手可及之处固然方便，但却要小心成为路障，因此合乎人体工学的茶几摆放位置显得尤为重要。茶几跟主墙最好留出90厘米的走道宽度；茶几跟主沙发之间要保留30~45厘米的距离（45厘米的距离为最舒适）；茶几的高度最好与沙发被坐时一样高，大约为40厘米。

② 边几的摆放要方便使用

边几的主要作用是填补空间，常摆放在沙发旁边，既能增加一定的储物功能，同时上面也可以摆放一些工艺品或台灯以增加装饰气氛。为了方便使用，桌面不应低于最近的沙发或椅子扶手5厘米以上。

TIPS:
茶几常见的尺寸

茶几根据形状大致可以分为正方形、长方形和圆形。

（1）方形茶几。宽90、105、120、135、150厘米，高33~42厘米。

（2）长方形茶几。小型茶几长60~75厘米，宽45~60厘米，高38~50厘米；中型茶几长120~135厘米，宽38~50厘米或60~75厘米；大型茶几长150~180厘米，宽60~80厘米，高33~42厘米。

（3）圆形茶几。直径75、90、105、120厘米，高33~42厘米。

电视柜

集收纳与展示为一体的视听区域

软装快照

（1）电视柜的用途从单一向多元化发展，不只有摆放电视的用途，还是集产品收纳、摆放与展示功能为一体的家具。

（2）电视柜按其结构可分为地柜式、组合式、板架式等几种类型。

（3）通常可以先根据空间的大小确定电视柜，再根据其款式、大小装饰背景墙，这样便可以让客厅的整体风格更加和谐，也避免了电视柜的突兀。

（4）客厅中的电视柜并不是一个单一的物体，它可以与沙发组合成客厅的核心区域。落地式电视柜在摆放时不宜过高，以不高于沙发，令使用者就坐后的视线正好落在电视屏幕中心为佳。

电视柜可作为装饰墙使用

大面积的背景墙已经逐渐被功能强大的电视柜取代，电视柜也一反承载电器的单一功能，注重突出设计感。根据空间的大小先确定电视柜，再根据其款式、大小装饰背景墙，这样便可以让客厅的整体风格更加和谐，也避免了电视柜的突兀。选购电视柜与背景墙为一体的组合式装饰柜，意味着省去了设计背景墙的诸多烦恼，同时又增加了储物功能，可谓一举两得。

▲半开放性的电视柜与客厅搭配和谐，既具有展示功能，又可以收纳一些小物件

▲木色的板架电视柜淳朴自然，与黄色的墙壁相结合，勾勒出浓浓的自然气息，令客厅更加温馨、浪漫

一看就懂的电视柜分类

Chapter 1
软装家具

软装饰品

软装材质

软装色彩

不同人群的软装搭配

不同家居风格的软装搭配

1 地柜式电视柜

　　地柜式电视柜其形状大体上和地柜类似，也是现在家居生活中使用最多的电视柜，可以搭配不同造型的电视背景墙使用。

2 组合式电视柜

　　组合式电视柜按照客厅的大小可以选择一个高柜配一个矮几，或者一个高几配几个矮几，这种高低错落的视听柜组合，可分可合，造型富于变化。

3 板架电视柜

　　板架电视柜其特点大体上和组合式电视柜相似，主要采用的材质为板材架构设计，在实用性和耐用性上更加的突出。按材质可分为钢木结构、玻璃/钢管结构、大理石结构及板式结构。

一学就会的搭配技巧

① 配合客厅风格搭配不同的电视柜

现代风格的客厅，就可以选择线条简单，造型优美的电视柜；古典风格的客厅装修风格，宜选择实木电视柜，更上档次；田园装修风格的客厅，就可以选择带有泥土气息或者颜色比较跳跃的电视柜。总之，客厅和电视柜的整体风格要配合好，这样电视柜才可以提升客厅的风格和水平。

② 根据实际需要确定电视柜样式

可以根据自身需要摆设的物品类别和数量来选择组合电视柜和隔板。家里书籍较多的朋友，可以重点打造一个书架墙，让客厅兼具书房储书的作用。这样，不仅可以节省空间，还能彰显屋主文化品位。如果家里的工艺品较多，可以考虑营造成展示墙，将小物件一一展示，罗列而出，在给电视柜添加美感和趣味的同时，表达出屋主的兴趣和爱好。

TIPS:
电视柜上的装饰物不要摆太满

在现代家居生活中，电视柜更侧重于装饰功能，很多居住者喜欢在电视柜上摆放各种各样的装饰物。但即便如此，也要掌握一个度，摆放过满，容易令家居环境显得杂乱。地柜上除了摆放必要的电子设备之外，只需点缀一两个或一组装饰物即可。

① 根据客厅大小确定电视柜组合方式

不同的客厅，有不同的空间大小，需要根据自身的客厅大小和形状、户型来设计不同的组合方式。在空间大小上，如果客厅比较宽敞，可以优先考虑采用板架结构电视柜或整面框体墙的电视柜。如果空间过于狭长，建议采用较薄的"山"字形或"品"字形的组合电视柜，这样可以让空间错落有致，弱化狭长的视觉感官。

② 客厅电视柜的尺寸要符合人体工程学

电视柜的高度应令使用者就坐后的视线正好落在电视屏幕中心。以坐在沙发上看电视为例——坐面高40厘米，坐面到眼的高度通常为66厘米，共计106厘米，这是视线高，也是用来测算电视柜的高度是否符合健康高度的标准。另外，电视柜不宜过宽，通常情况下，沙发一定要比电视柜宽一些，这样才会形成令人舒适的空间比例。

餐桌椅 营造就餐氛围的主角

软装快照

（1）餐桌不仅是一个吃饭时的工具，还是一家人增进感情的欢乐地。因此，在选择餐桌时一定除了考虑实用性外，还要和审美倾向及整个家居的风格和谐起来，最好以暖色调为主，可以增进人的食欲。

（2）按其材质可分为实木餐桌、人造板餐桌、钢木餐桌、大理石餐桌。

（3）可以利用不同材质的餐桌椅去营造不同的餐厅风格。例如，玻璃和大理石材质的家具样式大胆前卫，造型简洁时尚，非常适合现代风格和简约风格；深色木餐桌椅散发着古朴深沉的气息，可营造出古典氛围；藤艺、浅色木餐桌椅清新淡雅，非常适合田园风格和乡村风格。

（4）餐桌椅所占面积的大小主要取决于整个餐厅面积的大小，一般来说，餐桌大小不要超过整个餐厅的1/3。

结合整体空间决定餐桌的尺寸、色彩和材质

选择餐桌时，除了考虑居室面积，还要考虑几人使用、是否还有其他机能，在决定适当的尺寸之后，再决定样式和材质。一般来说方桌要比圆桌实用；木桌虽优雅，但容易刮伤、烫伤，使用时需要隔热垫；玻璃桌需要注意是否为强化玻璃，厚度最好是2厘米以上。餐椅除了购买和餐桌成套的之外，也可以考虑单独购买，但需要注意不能只追求个性，要结合家居风格来考虑。

▲餐椅选择了两种不同的色彩，与墙面壁纸形成强烈的对比，令空间色调平衡

▲沉稳的深色木纹餐桌与芳香四溢的插花为餐厅奠定了欢快的氛围，也彰显出优雅、华贵的气质

一看就懂的餐桌椅分类

Chapter 1 软装家具

软装饰品

软装材质

软装色彩

不同人群的软装搭配

不同家居风格的软装搭配

1 实木餐桌

实木餐桌具有天然、环保、健康的自然与原始之美，强调简单结构与舒适功能的结合，通常深色木纹的可用于古典风格，浅色木纹的适合简约时尚的家居风格。

2 人造木餐桌

人造木餐桌由多层微薄单板或用木纤维、刨花、木屑、木丝等松散材料以黏结剂热压成型的板材制成。颜色多样，款式新颖，价格低廉。

3 钢木餐桌

钢木餐桌一般采用钢管实木支架和配置玻璃台面为主。样式更大胆前卫，功能更趋于实用。但必须仔细挑选合格和强度高的强化玻璃台面，以免热物引起桌面爆裂。

4 大理石餐桌

大理石餐桌分为天然大理石餐桌和人造大理石餐桌。天然大理石餐桌高雅美观，但因为有天然的纹路和毛细孔易使污渍和油渗入，而不易清洁。人造大理石餐桌密度高，油污不容易渗入，保洁容易。

一学就会的搭配技巧

① 餐桌椅可以多用中性色

　　餐桌椅的色彩搭配要考虑到与房屋和其他家具之间的色彩协调性，不宜反差太大。在选择色彩时，切忌颜色过多，可以多用中性色，如沙色、石色、浅黄色、灰色、棕色，这些色彩能给人宁静的感觉。另外，若想起到刺激食欲、提高进餐者兴致的功能，餐厅色彩宜以明朗轻快的色调为主，最适合用的是橙色以及相同色相的姐妹色。

② 根据餐厅面积搭配不同造型的餐桌

　　餐桌椅的挑选要符合家居的面积大小。圆形的餐桌比较灵活，适合面积较小的餐厅。而对于厨房和餐厅面积都较大的家庭来说，除了餐厅里的正式餐桌之外，还可以在靠近厨房的地方放一张圆形小餐桌，作为平时家庭成员便餐之用。加长的餐桌适合面积较大的餐厅使用，显得大气。同时，在大空间中更要注意色彩和材质的呼应，否则容易显得松散。

③ 餐桌与灯具搭配协调更能表现风格

　　餐桌和灯具要考虑一定的协调性，风格不要差别过大。例如：用了仿旧木桌呈现古朴的乡村风，就不要选择华丽的水晶灯搭配；用了现代感极强的玻璃餐桌，就不要选择中式风格的仿古灯。

一看就懂的家居软装书

餐桌与桌布的搭配技巧

长方形餐桌	可在底层铺上长方形的桌布，上层再用两块正方形桌布，交错铺垫盖在桌面；或者以两块正方形的桌布来铺陈，中间交错的地方可以用蝴蝶结、丝巾来固定
圆桌	圆桌桌面较大可在底层铺上垂地的大桌布，上层再铺上一小块的桌布，以增加华丽感。桌布的颜色可选深色，比较沉稳，且抗污
正方形餐桌	可在底层铺上正方形桌布，上层再铺一小块方形的桌布或者变化桌布的方向，直角对着桌边的中线铺下，让桌布下摆有三角形的花样，方桌的桌布最好是图案比较大气的，不适宜用单一的色彩，这样看上去自然、温馨、不死板

▲小碎花的长方形桌布雅致、美观。令就餐氛围更加柔和

▲大花图案的桌旗搭配长方形餐桌非常时尚大气

一点就通的布置方法

1 独立式餐厅桌椅的布置要点

独立式餐厅中的餐桌椅的摆放与布置要与餐厅的空间相结合，还要为家庭成员的活动留出合理的空间。如方形和圆形餐厅，可选用圆形或方形餐桌，居中放置；狭长餐厅可在靠墙或窗一边摆放长餐桌，桌子另一侧摆上椅子，这样空间会显得大一些。

2 开放式餐厅桌椅的布置要点

开放式餐厅大多与客厅相连，在家具选择上应主要体现实用功能，要做到数量少，但有着完备的功能。另外，开放式餐厅的家具风格一定要与客厅家具的格调相一致，才不会产生凌乱感。在桌椅布置方面可以根据空间来选择居中摆放或是靠墙摆放两种形式。

③ 餐桌椅的摆放应做到动线合理

餐桌椅摆放时应保证桌椅组合的周围留出超过1米的宽度，以免当人坐下来，椅子后方无法让人通过，影响到出入或上菜的动线。另外，餐椅应该使用餐者坐得舒服、好移动，一般餐椅的高度约为38厘米，坐下来时要注意脚是否能平放在地上；餐桌最好高于椅子30厘米，使用者才不会有太大的压迫。

软装饰品

软装材质

软装色彩

不同人群的软装搭配

不同家居风格的软装搭配

④ 餐桌椅与餐边柜保持距离

如果餐厅的面积够大，可以沿墙设置一个餐边柜，既可以帮助收纳，也方便用餐时餐盘的临时拿取。需要注意的是，餐边柜与餐桌椅之间要预留80厘米以上的距离，这样不会影响餐厅功能，且令动线更方便。

TIPS:
餐桌摆放的禁忌

（1）通常客厅与饭厅都有个通道，餐桌不宜摆放在通道之上影响行走。

（2）在放好餐桌后，需要注意灯不能放在座椅之上，因为当有人坐着时，变成灯压头之势，影响其思维的活跃性。

（3）不能正对厕所。饭台放在对面，不仅影响食欲，也妨碍健康。

（4）不能正对厨房。厨房经常涌出油烟等，温度又比较高，饭台在对面，对其家人的健康有碍，如：易产生心烦、脾气暴躁等心理状况。

（5）不能正对大门。若餐桌与大门成一条直线，站在门外便可以看见一家大小在吃饭，那绝非所宜，化解之法，最好是把餐桌移开。但如果确无可移之处，可以放置屏风或板墙作为遮挡。

餐边柜

集储物、展示、备餐于一体

软装快照

（1）餐边柜非常实用，平时可以放置一些酒具、杯盘以及茶具等用具。同时，也兼具展示功能，像日常一些酒瓶和酒具本身就像精致的艺术品。

（2）餐边柜按材质可分为实木餐边柜、人造板餐边柜、玻璃餐边柜和不锈钢餐边柜。

（3）如果餐厅比较大，可以考虑大体量的高餐边柜，不仅能放茶具、酒具和杯盘，还能放置一些书报画册之类的，这样看起来比较优雅；如果是一个开放式餐厅的话（餐厅和厨房在一起），就可以选择多功能的抽屉式橱柜，这样放置东西也比较方便。

（4）如果苦于户型和空间的局限而无法实现餐边柜的摆放，那就可以试试把餐边柜作为客厅和餐厅间的隔断使用。或者利用墙体来打造收纳柜，充分利用家中的隐性空间。

现代餐边柜集储物、展示、备餐于一体

一般人都认为餐边柜既然是放在餐桌旁，当然是放一些碗筷用品，也就是储物作用。随着生活水平的提高，人们对餐边柜的作用提了更多要求。带玻璃橱窗的餐边柜，兼顾了展示作用，可以将一些精美的餐具放进餐边柜，对客人展示自己的收藏。而设计优雅的餐边柜，不仅能够储物，更能和家庭装修相呼应，成为家庭的装饰者。还有一些餐边柜，更设计了小台面，使主人可以在上面进行简单的备餐。

▲位于餐厅一角的餐边柜造型别致，与餐桌椅搭配和谐，共同营造出奢华的欧式风格

▲餐边柜造型简洁，收纳功能却非常强大。既有存放碗碟的空间，也有抽屉与柜式的分隔，为每一件物品都找到了"安家之所"

一看就懂的餐边柜分类

1 实木餐边柜

实木餐边柜指的是整个柜体都是使用实木打造的餐边柜，这类柜子款式传统，环保自然，许多细节处会有经过精心雕琢的纹饰和雕花，售价较贵。

2 人造板餐边柜

人造板餐边柜指的是使用密度板和刨花板等人造板材制造的餐边柜，多采用简洁的直线条，造型舒展，复杂的表面装饰很少，方方正正，体积适中，摆在餐厅一隅，整洁、清爽。

3 玻璃餐边柜

玻璃餐边柜指的是柜体、柜门、隔板大部分都是由玻璃构成的餐边柜，这类柜子通体透明，可以将放置其中的精美餐具更好地展现，装饰性较强。

4 不锈钢餐边柜

不锈钢餐边柜指的是主体框架都是由不锈钢材质打造的餐边柜，造型多变，款式新颖，带有金属元素的家具更显时尚前卫，十分适合现代的装修风格。

一看就懂的家居软装书

1 敞开式厨房最好选择含抽屉的餐边柜

有些家庭是敞开式的厨房，可能会将部分橱柜的功能延伸到餐厅中来，因此餐边柜可能要被用来充当一下备用餐台，像这样的情况，在选购餐边柜的时候最好是选择含抽屉的款式，便于存放厨具。

2 用来摆放艺术品的餐边柜造型宜简单

餐边柜通常被用来摆放餐具或者艺术品，这时候在款式的选择上最好是简单朴素一些，便于搭配艺术品。艺术品的宽度不宜长过餐边柜，以保证不失掉整体的平衡感。

3 餐边柜与酒柜结合更实际

酒柜往往会采用许多异形的设计，各种几何图形的拼合，是新潮酒柜的款式。而餐边柜又要充当收纳柜，因此，两者结合就是时尚家庭的明智之举。高低柜的结合、吊柜与立柜的结合、玻璃与实木的结合都可以带来较强的视觉效果与较好的存放功能。

一点就通的布置方法

Chapter 1 软装家具

软装饰品

软装材质

软装色彩

不同人群的软装搭配

不同家居风格的软装搭配

① 餐边柜布置在客餐厅中间作为隔断使用

如果不愿意在家中摆上过多的家具，又或者苦于户型和空间的局限而无法实现餐边柜的摆放，那就可以试试把餐边柜作为客厅和餐厅间的隔断使用。作为隔断的餐边柜，往往采用半开放性设计。上面采用交错分布的空格，下面采用柜体设计，既能储物又能作为展示使用。

② 利用隐性空间布置餐边柜

如果餐厅的面积有限，没有多余空间摆放餐边柜，则可以考虑利用墙体来打造收纳柜，不仅充分利用了家中的隐性空间，同样可以帮助完成锅碗盆盏等物品的收纳。需要注意的是，制作墙体收纳柜时，一定要听从专业人士的建议，不要随意拆改承重墙。

TIPS:
餐边柜的尺寸范围

餐边柜没有固定尺寸，一般根据餐厅的大小来设计，深度可以做到400~600毫米；高度一般为800~2000毫米，又或者根据需要做到顶部，增加储物收纳功能；长度则可以根据餐厅的大小沿墙定制。

床

睡眠、静修之所

（1）床作为卧室中较大的家具之一，起到奠定卧室基调的作用，卧室床尽量选择比较沉稳的色调，尽量不用选择颜色鲜艳或者反差极大的颜色搭配。

（2）床按照形式的不同可分为：平板床、平台床、四柱床、天蓬床、雪橇床、气垫床。

（3）板式床是指由人造板与五金件连接而成的家具，其款式简洁价格适中；实木床，采用天然材料，采用原始材料直接制作而成，保留了原材料的特征，如纹理；金属床一般是金属管材搭配其他木材制作而成，有的金属床还有折叠功能。可以根据对于材质的偏好，选择自己喜欢的床。

（4）摆放床的时候，若床尾一侧的墙面设有衣柜，那么床尾和衣柜之间要留有90厘米以上的过道；床头两侧只要有一边离侧墙有60厘米的宽度，便于从侧边上下床；床头旁边留出50厘米的宽度，可以摆放床头边桌，可随手摆放手机等小物。

睡床是卧室中毋容置疑的主角

睡床是卧室中毋庸置疑的主角，其中简约型的睡床可以搭配的风格多样，这种睡床可以不要床靠，不要底座，简约到极致，而且节省空间。传统的有床靠的睡床如今也有了诸多创新，如活动可调的，高低错落的，都为卧室的视觉形象带来了新鲜感。另外，还可以选择点空间较大的床头，可以摆放更多枕头，改变居住者的倚靠方式；更可以添加装饰品，以丰富卧室的视觉感受。

▲白色的床身搭配蓝色的床品，演绎出浓浓的地中海风情。令人沉浸在这纯美的色彩中，更加宁静、安逸

▲圆弧形的床头犹如盛开的花瓣，与自然木色的床头柜相辅相成，共同演绎出温馨浪漫的气息

一看就懂的床分类

1 平板床

平板床是最传统的床型，床头板由多种材质可供选择，如木板、绒布+木板等。床头板的面积最好超过120厘米×150厘米，这样才能撑住一般人人靠躺的重量。

2 平台床

平台床是没有床头板、床柱和装饰的一款床型，床台较低。这类睡床比较简洁，适合简单装修的居室。如果卧室的空间不大，最好选择床头与床垫高度切齐的床台。

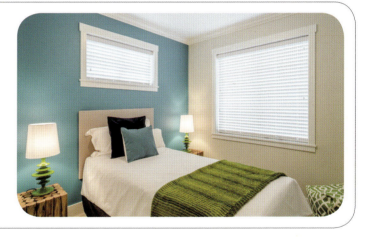

3 四柱床

四柱床较为常见的风格有中式和欧式两种，可以为居室带来典雅的氛围。建议床柱不要超过空间高度的2/3，而对于小面积的卧室来说，四柱床的柱体要细。

4 天蓬床

天蓬床适合吊顶较高的卧室，可以在上方边框处垂挂装饰帘。这种睡床既具有装饰性，同时也能保证居住者的睡眠环境更加安静。

5 雪橇床

所谓雪橇床，顾名思义就是整个床的形状像个雪橇，床头高，床尾低，是一种在欧洲很流行的经典款式。可以为家居环境带来美丽优雅的氛围。

6 气垫床

气垫床是一种可以注入空气的床垫。以其低廉的价格和收纳方便的特点受到欢迎。另外，在睡卧时能促进人体血液循环，令肌肉得到放松。缺点为易被尖物刺破，也不适合儿童使用。

一学就会的搭配技巧

1 床头板要与卧室背景墙相呼应

床头板造型种类很多，美观中兼具安全性，可以成为整个卧室的视觉焦点。但是床头板的选择，要考虑到居室的整体风格，与卧室背景墙相协调，不要出现中式风格的床头板搭配欧式风格的背景墙，令居室氛围不伦不类。

2 床头板可根据实际需要做选择

①老人最好选择内有填充物的床头板，可避免头部不小心撞到墙面而受伤。②女性喜爱的四柱床头板可以明确界定睡眠区域，修长的四柱还有令空间视觉向上延伸、放大的作用。但在小面积的卧室最好选择轻巧的改良型四柱床，而不是稍显笨重的传统深色木质款。③简约风格的卧室可以选择不带床头板的睡床，只需将枕头叠两层，就能造成床的完整印象。

儿童床的选择技巧

安全	挑选儿童床的时候，切忌只顾漂亮而选择花纹比较复杂的床，因为突出的雕饰很可能会刮伤宝宝，镂空的图案也让淘气宝宝手指被卡的几率增加很多。还有要尽量避免棱角的出现，儿童床的边角一定要圆弧边，可以用手摸一摸，选择边角光滑的可保障宝宝安全
健康	儿童床的材料，无非就是木材、人造板、塑料、铝合金等常见的材料，其中以天然取材的原木为最好。另外还要注意涂料，实木表面以涂刷水性漆为最佳。涂料可以通过鼻闻来判别，如果家具带有强烈的刺激性气味，表明甲醛含量严重超标，此类床坚决不能搬回家
结实	孩子总是十分活泼，喜欢在床上打打闹闹，因而床的牢固性便是一个重要方面了。购买之前要确定儿童床的螺丝是否牢固，还要注意一些小细节，不要只贪图床的美观，而忽略了牢固性
适合	适合原则主要有两个方面，一是尺寸的适合，二是宝贝意愿的咨询。孩子从三岁开始就有自己的喜好和审美，男孩和女孩也有不同的选择，因此儿童床的色彩和风格还是要听取孩子的意见，孩子喜欢的样式才是最适合的

一点就通的布置方法

① 斜放在角落里的床

如果把床斜放在角落里，要留出的空间为360厘米×360厘米。这是适合于较大卧室的摆放方法，另外还可以根据床头后面墙角空地的大小再摆放一个储物柜。

② 两张并排摆放的床

两张并排摆放的床之间的距离最少为60厘米。两张床之间除了能放下一个床头柜以外，还能让人自由走动。当然床的外侧也不例外，这样才能方便清洁地板和整理床上用品。

③ 柜子被放在与床相对的墙边

如果衣柜被放在了与床相对的墙边，那么两件家具之间的距离最好为90厘米以上。预留这个距离是为了能够方便地打开柜门拿取物品，并且不阻碍人的通行。也可以选用两把扶手椅，要注意座位和茶几之间的距离。

Chapter 1

软装家具

软装饰品

软装材质

软装色彩

不同人群的软装搭配

不同家居风格的软装搭配

TIPS:
餐桌摆放的禁忌

（1）睡床不宜在窗户下。

床头若在窗户下，人在睡眠时会缺乏安全感。因为床是静修之所，窗户外若是有强光直射会使人心境不宁。倘若遇到大风、雷雨天，感觉会更加强烈。再者窗户乃通风之所，人在睡眠时稍有不慎就会感染风寒。假若家中还有儿童，儿童易动，便容易爬上窗户，更加危险了。

（2）睡床不宜正对房门。

床若对门，客厅中人便能一眼看见卧室的床，床上一切都会一览无遗，不仅不雅观，还会使卧房毫无安全感，影响睡眠。睡觉之时最讲安全、安静和稳定，房门乃进出房间必经之所，床中所睡之人极易缺乏安全感，得不到有效的放松，容易损害健康。

（3）睡床不宜朝西。

磁场具有吸引铁、钴、镍的性质，人的血液中含有大量的铁，头若朝西，因地球自东向西而自转，因此睡眠时便会改变血液在体内的分布，尤其是头部的血液分布，从而引起失眠或多梦，影响睡眠质量。

（4）床不宜高低不平。

现代人多喜欢用弹簧床垫，但如果床垫质量不好，弹簧变形，便会影响睡眠。所以床垫的选择十分重要，忌选太硬或太软的床垫，否则脊柱长期弯曲，睡久了便会影响血液循环，使人疲惫得不到放松。

（5）睡床不宜在横梁之下。

横梁压床会对人的头部健康造成损害，造成头晕、头痛、失眠以及其他脑部疾病，容易造成精神压迫，影响工作。避让方法：一般是把床移开避开横梁，可以化解；倘若是房间面积太小或是其他原因而避不开，可以用天花板将横梁遮挡起来，借以减少心理压力。

（6）床头忌有壁橱。

增加可收纳空间的壁橱是现在很流行的设计，但是安置在床头上方的壁橱则会产生不良效果，他会令躺在下方之人产生压迫感，易导致头痛和失眠。

（7）床下不宜堆放杂物。

床下往往是气流不太通畅的地方，加上地处阴暗，放上杂物，容易受潮发霉而滋生大量细菌。而且平时也难以清理，容易成为卫生死角。

（8）飘窗不宜作床。

由于居住环境的问题，大部分住宅都将凸出屋外的飘窗作为睡床，用以增加睡床的宽度。虽然充分利用窗台的面积，但若处于睡眠的人一旦不小心弄破玻璃，会造成伤人或更加严重的事故。而因睡床太贴近窗口，若窗临街，那么睡眠时宛若睡在街道上一般。遇到打雷闪电或灯光照射，会导致睡眠不足和心理恐惧。

衣柜 衣物收纳好帮手

（1）衣柜又名储物柜、更衣柜、壁柜等，是存放衣物、收纳被褥的柜式家具。一般有两门、三门、嵌入式等规格，是家庭生活里不可或缺的家具之一。

（2）衣柜从使用形式上可以分为：推拉门衣柜、平开门衣柜和开放式衣柜。

（3）衣柜可以根据家庭成员的年龄来搭配，例如老人房衣柜在颜色选择上就不能太过艳丽，可以选择怀旧或是仿古的色彩；儿童房衣柜应该选择一些较为活泼、亮丽的色彩。

（4）衣柜平开门尺寸宽度在450~600毫米；推拉门尺寸在600~800毫米最佳；平开门的高度尺寸在2200~2400毫米，超过2400毫米可以设计加顶柜。推拉门的高度尺寸与平开门的尺寸一样，需要注意的是，在选择尺寸的时候，要考虑衣柜门的承重力。

卧室中的收纳好帮手

衣柜可以根据空间大小选择不同的款式，例如小空间选择双开门的款式，大空间可以考虑三开门或四开门的款式等。同时衣柜还具有不同的风格，可以根据家居风格进行搭配。除了购买成品衣柜，也可以根据需求订制衣柜；如果卧室面积实在太小，则可以将衣柜嵌入墙体，既为卧室增加了收纳空间，也避免了过多占用空间导致的压迫感。

▲嵌入式的推拉门衣柜，最大限度地节省了空间，同时又和卧室的整体环境很好地融为一体

▲造型感极强的白色衣柜，与深色系的床形成鲜明的对比，令空间色调更加丰富

一看就懂的衣柜分类

1 推拉门衣柜

推拉门衣柜也叫移门衣柜，是将衣柜柜体嵌入墙体到顶成为家居装修的一部分。推拉门衣柜的特点是轻巧、使用方便，空间利用率高，定制过程方便。在高房价的今天，比较适合家居户型面积相对小并且需要大量储物空间的家庭。

2 平开门衣柜

平开门衣柜是靠衣柜合页将门板与柜体连接起来，是比较传统开启式的衣柜。档次的高低主要是看门板用材、五金品质两方面，优点就是比推拉门衣柜价格便宜，缺点是比较占用空间。平开门衣柜在传统的成品衣柜里比较常见。

3 开放式衣柜

开放式衣柜也就是无门衣柜，呈开放式因此得名。开放式衣柜的储存功能很强，而且比较方便，一般用于衣帽间；开放式衣柜比传统衣柜更时尚、前卫，但是对于家居空间的整洁度要求也非常高，所以要经常注意清洁。

一学就会的搭配技巧

1 根据卧室环境的颜色来搭配

衣柜的颜色离不开卧室的颜色搭配。如果卧室墙面是白色的，可以选择和卧室地板相近色系的衣柜，或是选择和床相近色系的衣柜。如果感觉颜色相近的衣柜、墙壁和床颜色搭配在一起显得十分的单调乏味，可以选择颜色的混搭，但是在混搭上要注意冷色系和暖色系的颜色要搭配得好，否则，衣柜就显得十分突兀，还会造成混乱的感觉。

2 根据卧室装修风格来搭配

款式一样的衣柜搭配不同的装修风格，就要使用不同的颜色。一般来说，欧式风格装修比较富丽堂皇，可以选择淡色调的白色与深色调的苹果木的衣柜。时尚潮流的装修风格，可以选择与卧室地板相近的色系的衣柜，或是选择跟床相近的色系的衣柜。田园风格多采用碎花、条纹、苏格兰等乡土味道十足的元素，衣柜可以以黑、白、灰等中色系为主。

3 可以根据卧室的朝向而定

假如卧室采光通风都很好，衣柜色调上则没有太多讲究，但最好不要选择表面镶嵌太多反光金属和玻璃的衣柜，免得过多流动的光线对人的视觉形成干扰；假如卧室门采光和通风较差，最好选用浅色系的衣柜，如白色、米白色、浅粉色等。衣柜应尽量摆放在墙角阴暗处，不要摆放在窗户或者卧室门旁边，以避免衣柜遮挡光线。

4 个性色彩搭配

对于热衷于个性，追求与众不同的人来说，个性色彩搭配最适合不过了。在定制衣柜时，不妨选一些另类的搭配色彩，但别太夸张。如多个门板可采用不同色彩，有的商家设计的衣柜采用皮质和木板搭配在一起，有的采用黑色与白色混搭等，都可以彰显出个性。另外同一款衣柜，最好不要超过三种颜色，否则会造成视觉疲劳。

5 根据家庭成员的年龄来配色

老人房衣柜在颜色选择上就不能太过艳丽，可以选择怀旧或是仿古的色彩；儿童房衣柜应该选择一些较为活泼、亮丽的色彩，另外，带有卡通动物、人物或花草等其他植物图案等一些益智图案或者字母数字印刻其上，会更显活力。在男孩子的卧室里面，可以考虑蓝色调的卧室衣柜。而女孩子房间，则可考虑用粉红或是黄色的卧室衣柜，当然，这些颜色的选择也还是离不开卧室的装修风格。

TIPS：
衣柜的风格分类

（1）时尚衣柜。

外观造型时尚，注重功能性，色彩一般以灰色、黑色、白色为主要色彩。材料主要以中纤板作主要材料，所以价格相对低廉，适合平民家庭使用，也是最常见的衣柜风格。

（2）美式衣柜。

美式衣柜一般造型古朴大方，并且伴有实木雕花的装饰点缀，色彩沉稳，富有历史气息。主要采用实木和中纤板结合的做法，俗称板木结合。经久耐用，外观大气，也是上流社会家庭的主要衣柜风格。

（3）欧式衣柜。

欧式衣柜造型以优雅唯美为主导路线，同时搭配金银箔的装饰点缀，给人的感觉是高贵典雅，充满欧洲王室气息。用料方面也经常奢侈地选择全实木为材料制作。适合有地位，有品位的富贵家庭。

一点就通的布置方法

1 床对面摆放衣柜

狭长的卧室中,如果一侧墙面有窗子或者门遮挡,不适宜摆放衣柜,那么可以在床头另一面墙定制组合衣柜。很多人愿意在床头正上方加装顶柜,这样其实不利于睡眠,最好能增加床头板的厚度,使人躺下时,眼睛平视能看到天花,通透感和安全感更强。

2 拐角设计衣柜

转角衣柜,适合开间或者大面积、多功能布置的卧室。衣柜能起到隔断墙的作用。如果房间整体采光好,还可以充分利用空间,把衣柜设计成顶天立地的款式。如果只有一面采光,那么最好在衣柜上部留出空间,这样自然光可以进入。

3 走廊摆放衣柜

宽大的走廊,可以为衣柜而用。需要根据空间的大小来定做门以及内部框架,选择移动门,可以减少开门带来的阻碍。内部结构划分成多个功能区,兼具叠放、挂放、展示等功能,以备不时之需,比如可能会放置被子等物品,所以功能区的划分一定要根据个人情况、考虑周全再提前规划。

4 床侧边摆放衣柜

最常见的摆放方法是将衣柜摆放在床一侧,无论是正方形或者长方形的卧室,都比较合适。衣柜与床边的距离最好不要小于800毫米,不然可能影响到居住者的床边活动,甚至导致衣柜开门不便。

根据不同群体选择整体衣柜的方法

老年父母	老年父母的衣物，挂件较少，叠放衣物较多，可考虑多做些层板和抽屉，但不宜放置在最底层，应在离地面1米高左右
儿童	儿童的衣物，通常也是挂件较少，叠放较多，最好选择一个大的通体柜，只有上层的挂件，下层空置，方便随时打开柜门取放和收藏玩具
年轻夫妇	年轻夫妇的衣物较为多样化。长短挂衣架、独立小抽屉或者隔板、小格子这些都得有，便于不同的衣服分门别类放置

根据衣物种类设置整体衣柜的方法

偏爱裙装、风衣	设置有较大的挂长衣空间的衣柜，柜体高度不小于1300毫米
偏爱西服、礼服	这类衣物要求挂在衣柜空间内，柜体高度不小于800毫米
偏爱休闲装	可多配置层架，层叠摆放衣物；以衣物折叠后的宽度来看，柜体设计时宽度在330～400毫米、高度不低于350毫米

TIPS:
衣柜常见尺寸标准

（1）衣柜的进深。

大衣柜的进深一般为55~60厘米；如果空间不是特别紧张的话，建议选择60厘米的进深比较好，而且55厘米和60厘米厂家的收费是一样的，但挂衣服的感觉就不一样了。

（2）平开的柜门宽度。

平开的柜门宽度在45~60厘米为最佳，推拉柜门宽度在60~80厘米为最佳；合页的承压能力不如轨道，所以对于平开柜门，门板不宜太宽太重。

（3）悬挂大衣的高度。

悬挂大衣的高度140厘米足够用；最长的睡袍悬挂高度不到140厘米，长羽绒服130厘米，西服收纳装袋后也就120厘米长。

（4）悬挂上衣的高度。

悬挂上衣的高度在85~95厘米；高度90厘米，空间利用比较充分，如果希望稍微宽松些，最多加到95厘米。

（5）挂裤子的高度。

挂裤子的高度在80~90厘米。

Chapter 1 软装家具

软装饰品

软装材质

软装色彩

不同人群的软装搭配

不同家居风格的软装搭配

梳妆台 整理妆容的必备家具

软装快照

（1）梳妆台即供人整理妆容、梳妆打扮的家具。在小居室里也能兼顾写字台、床头柜或茶几的功能。同时，它独特的造型、大块的镜面及台上陈列的五彩缤纷的化妆品，都能使室内环境更为丰富绚丽。

（2）按其功能和布置方式可分为独立式和组合式两种。

（3）梳妆台无论是买成品还是定做，都应特别注意它与床和衣橱等主要家具的配套性，这样才能产生整体效果。如果床和衣橱都是线条简洁的现代风格，而梳妆台却是一个充满繁复的花边与曲线的欧式家具，即使它再华丽，也与卧室的气氛不谐调，使之产生杂乱之感。

（4）梳妆台的台面尺寸最好是400毫米×1000毫米，这样易于摆放化妆品，如果梳妆台的尺寸太小，化妆品都摆放不下，那就比较麻烦。梳妆台的高度一般要在700~750毫米，这样的高度比较适合普通身高的业主。

多功能梳妆台更加流行

梳妆台一般由梳妆镜、梳妆台面、梳妆柜、梳妆椅及相应的灯具组成。由于现代家庭生活都讲求效率，活动环境距离尽可能缩短，若能设计得当，梳妆台也能兼顾写字台、五斗柜或茶几的功能，可以节省许多空间面积，这类梳妆台造型结构一般自然流畅、朴素大方。

▲不规则的车边银镜，新颖时尚，打破了空间的沉寂，为卧室带来了一丝欢快的气息

▲深色木纹的梳妆台非常实用，一个个精致的小抽屉，为各类小饰品找到了安家之所

一看就懂的梳妆台分类

1 独立式梳妆台

独立式梳妆台比较灵活随意，款式多，造型别致，装饰效果往往更为突出。对于崇尚自我、喜欢随意的现代女性来说，会更加适合。

2 组合式梳妆台

组合式梳妆台一般造型简洁，更贴近生活。将梳妆台与其他家具组合设置，更便于节省空间以增强实用性。比较适合小空间使用。

TIPS:

不同风格的梳妆台式样

（1）欧式梳妆台。

浪漫华贵，对于线条比例十分讲究，在裁切、雕刻等方面更是精益求精，可以简单划分为法式古典风格、英式乡村古典风格、意大利古典风格等。其中的法国古典风格在造型以及色彩的运用上唯美而浪漫；英式乡村古典风格则是具有婉约柔美的气质。

（2）现代简约梳妆台。

随性简洁，在设计上更偏爱理性的色彩，简约合理又更加实用。比如将梳妆台与书桌进行结合的书桌式梳妆台，或者是与家具进行组合搭配的组合式梳妆台。既满足了女性爱美的心理需求，又更具实用性，很好地利用了空间。

（3）田园梳妆台。

属于比较大众化的梳妆台，带有田园的气息，能够贴近自然。大多以白色为主，添加一些大自然的因素和细节，给人一种自然清新的感觉，十分的富有生活情趣。

（4）中式梳妆台。

具有明清时期的设计因素，十分的华贵，不论是造型还是使用的木材，都讲究具有东方韵味，造型上讲究对称，色彩上讲究对比，制作过程中精雕细琢，精益求精。

1 根据整体风格选择梳妆台样式

梳妆台的样式主要是要以自身的喜好来确定，但是在整体的风格上也要和房间的风格相互协调，样式过大或有突兀的感觉的话会破坏卧室的整体视觉效果。梳妆台的外表最好选择用油漆刷过的，这样容易清理，不至于化妆品渗透到梳妆台内，影响梳妆台的外观。

2 在梳妆台两侧放置照明灯具

梳妆台所用的照明灯具，最佳的光线是灯光正好从镜子的一侧照过来，而光线的高度正好与脸部位置相齐。若将灯具装在镜子上方，则会在人眼眶留下阴影，影响化妆效果。

3 梳妆凳最好配套

在挑选梳妆台时，一定要问清楚，看有没有配套的椅子，最好选择有配套椅子的梳妆台，这样不至于总体不协调，给自己的梳妆造成麻烦。另外，若为木质，要看其是否有劈裂、虫蛀、腐朽、疤结，如有类似情况则不宜选购。

Chapter 1 软装家具

软装饰品

软装材质

软装色彩

不同人群的软装搭配

不同家居风格的软装搭配

一点就通的布置方法

1 摆放在墙与墙夹角的位置

梳妆台可以摆放在墙与墙夹角的位置，最好靠近窗户这一边，既可以节省空间，同时光线好，方便主人梳妆打扮。

2 摆放在床对面

梳妆台摆放在床对面时，镜子不要对着床，尽量与床错开。如果实在错不开，可以选择有两扇门装饰的梳妆台，这样不用镜子的时候就可以关掉。

3 与柜子相连

对于面积小的卧室，梳妆台摆放可以与柜子相连，或者可以夹在柜子中间，这样能节省空间。梳妆台摆放与床头柜也可以连成一体。这个可以根据个人的审美观来选择。

TIPS:
梳妆台的尺寸

梳妆台的尺寸通常可以分为两种：第一种是梳妆者可将腿放入台面下，优点是人离镜面近，面部清晰，便于化妆，平时还可将梳妆凳放入台下，不占空间。这类梳妆台高度为70~74厘米，台面宽度为35~55厘米。第二种是梳妆台采用大面积镜面，使梳妆者可大部分显现于镜中，并能增添室内的宽畅感。这类梳妆台高45~60厘米，宽度为40~50厘米。梳妆椅可做成圆形、正方形、长方形等多种形式，高度可根据梳妆台尺度而定，一般在35~45厘米。

玄关柜

鞋帽的安家之所

软装快照

（1）日常生活出入玄关时需要脱衣换鞋，所更换衣物、鞋帽的储藏功能需要玄关柜等家具来满足。另外玄关柜的装饰造型也是整个居室形象风格的浓缩，是让客人在进入这个家时产生的第一印象。

（2）玄关柜按其形式的不同可分为：矮柜式、半隔断式和到顶式。

（3）玄关家具一两件足矣，毕竟这里不是主要的收纳区域。除了储物的实用功能，可以将尽头的墙面加以处理：一幅写意的装饰画，一款雅致清新的墙面造型，都可以塑造曲径通幽的美妙意境。

（4）一般玄关柜高度不要超过800毫米，宽度根据所利用的空间宽度合理划分；深度是家里最大码的鞋子长度，通常尺寸在300~400毫米。

玄关柜打造实用的过渡区域

如果面积有限，无法设置独立的玄关空间，但是一些随身携带的物品需要在进门时找到临时安放之地，那么不妨选择小巧的玄关柜，在进门处创造方便实用的空间。玄关柜和工艺品、镜子等配件最好风格统一，可以形成小区域的整体感。各种边柜、条形柜，甚至小浴室柜等家具都适合这里，色彩要尽量单纯清新，屏风是玄关家具有益的补充，既能起到划分区域遮挡视线的功能，也有一定的装饰性。

▲极具复古情怀的玄关柜搭配色调浓郁的挂画，共同打造出玄关的吸睛焦点

▲依墙而设的玄关柜很好地节省了空间，将角落处打造得更加精致

一看就懂的玄关柜分类

1 矮柜式玄关柜

矮柜式玄关柜，一般柜体造型性强，极具装饰性，在成品柜中较常见。可在柜体上面摆放花艺或工艺品，墙面可搭配挂画装饰。

2 半隔断式玄关柜

半柜隔断式玄关柜上面一般采用透明或半透明式的屏风，既可以增加客厅的空间感和私密感，又不影响客厅的通风透光。下部分的鞋柜很实用方便，生活气息浓。

3 到顶式玄关柜

到顶的玄关柜，一般是根据玄关的高度和长度定做，可用面积更大，更为实用，一般适合户型较小又需要大量储物空间的家庭。形式一般是下面是鞋柜，上面是储物柜，中间留30~40厘米放小型装饰物或灯具。

一学就会的搭配技巧

1 玄关柜与客餐厅家具保持一致性

要拥有自己的风格，同时还要兼顾换鞋更衣、分隔空间等实用功能，看似简单，设计起来却要很不容易，一不小心就会设计得不伦不类。因此最好的方法是玄关柜的样式与饰品跟客厅及餐厅这些公共空间保持一致性。

2 玄关柜款式应根据室内面积选择

如果入门处的走道狭窄，嵌入式的玄关柜是最佳手段。此处的玄关家具应少而精，避免拥挤和凌乱；另外，圆润的曲线造型会给空间带来流畅感，也不会因为尖角和硬边框给主人的出入造成不便。

一点就通的布置方法

1 门厅型玄关

门厅型的玄关以中大户型较多，一个自成一体的门厅区域显得大气庄重，因此不宜放置再大的鞋柜，而建议保留空间感。这个时候选一款精致的玄关桌或者有品位的收纳型矮柜，可以很好地兼顾美观展示和实用的需求。

2 影壁型的玄关

影壁型的玄关是指开门之后面对的是墙面，内室需向左或右则走，这种格局想要做好玄关，就得注意如何最大限度地降低门与墙之前的拥堵感，利用贴墙的优势，可以做一个到顶式的玄关柜。这样就可以最大限度地增加储物空间，而且玄关处也比较整体。

③ 走廊型的玄关

走廊型玄关比较常见，门与室内直接相通，中间经过一段距离，因为纵深的空间感，不妨好好利用两侧的空间，这个时候嵌入式玄关收纳柜就会极其实用，庞大的收纳空间可以很好地容纳鞋子和各种杂物。

④ 没有固定的玄关

很多户型是没有多余的空间再做一个玄关，但作为室内与室外的一个过渡连接，大多数中国人的居住观念是室内空间不能一览无余，这时可以采用半隔断式玄关柜，放在入户门与客厅中间，既实用又美观。

TIPS：
玄关鞋柜的尺寸标准

（1）根据鞋子尺寸确定玄关柜深度。

男女鞋的尺寸都不同，差异很大。但是按照正常人的尺寸，鞋子是根据人体工程学设计，除了一些超大或者是小孩的鞋以外，尺寸都不会超过300毫米。因此鞋柜深度一般在350~400毫米，让大鞋子也能够放得进去，而且恰好能将鞋柜门关上，不会突出层板，显得过于突兀。

（2）根据所放物品确定玄关柜深度。

很多人买鞋不喜欢丢掉鞋盒，直接将鞋放进鞋柜里面。如果这样，鞋柜深度尺寸就在380~400毫米的深度，在设计规划及定制鞋柜前，一定要先丈量好使用者的鞋盒尺寸作为鞋柜深度尺寸依据。如何还想在鞋柜里面摆放其他的一些物品，如吸尘器、手提包等，深度则必须在400毫米以上才能使用。

（3）设置活动层板增加实用性。

鞋柜层板间高度通常设定在150毫米左右，但为了满足男女鞋高低的落差，在设计时候，可以在两块层板之间多加些层板粒，将层板设计为活动层板，让层板可以根据鞋子的高度来调整间距。

书柜 承载文化的底蕴

软装快照

（1）许多人总是丢三落四，书籍乱扔乱放，让居室生活变得一团糟。而这个时候，如果有了书柜，把全部书整理在书柜里面，让居室生活一下子变得干净明了。

（2）按其样式的不同可分为：开放式书柜、密闭性书柜和半开放性书柜。

（3）现代家居风格各异，传统的书柜搬进家居常常会因为款式不对，或者尺寸大小、高低不一，造成空间浪费。定制书柜采用的是现场量尺定做的特点，充分考虑了家居的装修风格与空间结构，不但增加了书柜的收纳空间，还提高了空间利用率。

（4）为了满足书柜的根本功能，书柜普遍以深度300毫米，高度2200毫米（超越此高度需求，用梯子补助运用）左右为宜。格位的高度最少为300毫米（16开书本高度，音像光盘只需150毫米便可），宽度视资料而定。采用18毫米厚度的刨花板或密度板，格位的极限宽度不能超越800毫米，采用实木隔板，极限宽度一般为1200毫米。

书柜也可以充当装饰品的功能

透露着古典风情的书柜配上精装的古典名著，营造出的是一种浓厚的文化气息，一般的装饰品是无法达到这样的效果的。通常，由于此类书籍的使用频率不高，因此一般采用透明的玻璃门或者是木门的书柜。这样既可以有效地防尘，也可以有效地保护好书籍，整体的装饰效果也不会因此而大打折扣。

▲依墙而设的书柜大气唯美，与精致的书籍相搭配，令空间充满浓郁的文化气息

▲极具造型感的书柜，与书桌非常契合，共同营造出灵动的空间氛围

一看就懂的书柜分类

Chapter 1
软装家具

软装饰品

软装材质

软装色彩

不同人群的软装搭配

不同家居风格的软装搭配

1 开放式书柜

开放式书柜由于没有门板或玻璃，在取放物品时十分方便，但容易被灰尘等污染，不利于书籍的清洁保养；开放式书柜的造型设计会更加灵活，活跃空间氛围，价格也相对略低。

2 密闭式书柜

密闭式书柜具有良好的防尘效果，能够对书籍起到更好的保护作用。这类书柜一般用材考究，造型高贵典雅，价格也略高。

3 半开放式书柜

带玻璃门或是柜门的半开放式书柜，既可以展示书籍，让人在挑选时一目了然。又可以将常用的书籍放在开放区域方便查找，不常用的书及精装书放在密闭区域，起到良好的保护作用。

一学就会的搭配技巧

① 量身定做书柜更实用

如果钟爱藏书，但居室面积又比较有限，那么选择整体书柜会比较合适，这样就合理地利用好了每一分空间。另外从设计角度上面来讲，很多时候可考虑将进门走廊的一侧或两侧设计成为开放式的书架，这样的设计可让人一进门就感受到儒雅居室特有的味道。

② 开放式书柜适合在家办公的人群

实用性是在家办公人士首要考虑的问题，因为常用的专业书籍比较多，合理的结构可便于在最短的时间内找到想要的书籍。鉴于这个原因，结构简单的板式家具便很受青睐。同时，连体的书桌柜也不失为一种好的选择，既节省空间，又便于取放书籍。

儿童书柜、书桌的搭配技巧

挑选合适的高度	书桌、书柜必须挑选合适的高度，或者选择高度可以调节的产品。因为学龄儿童在学习时，不当的高度可能会成为造成孩子近视、驼背的祸首，同时还会降低孩子学习效率、引起疲劳
安全稳固很重要	书桌书柜的线条应该圆滑流畅，圆形或者弧形收边的最好，另外还要注意开合是否流畅，表面处理得是否细腻。一般来说带有锐角和表面坚硬的书桌书柜都要远离孩子。在选购书桌书柜的时候可以用力地晃几下，看看是否结实
用料要环保	一般要选择实木或者品牌好一点的书桌、书柜。表面的图层要具有不褪色和不易刮伤等特点，最重要的是表面涂料要无害，质量不合格可能对孩子的身体健康有影响

TIPS:
儿童书桌的尺寸标准

6岁儿童标准身高为110~115厘米，对应合适的书桌高度为460毫米；10岁儿童标准身高为130.4~141.5厘米，对应合适的书桌高度为530毫米；12岁儿童标准身高为146.7~151.6厘米，对应合适的书桌高度为550毫米；14岁儿童标准身高为157.6~162.7厘米，对应合适的书桌高度为630毫米。

一点就通的布置方法

Chapter 1 软装家具

软装饰品

软装材质

软装色彩

不同人群的软装搭配

不同家居风格的软装搭配

1 一字形

将书柜和书桌结合的布满整个墙面，书柜中部放置书桌，为了不令人读书时产生压迫感，书桌上方最好用深度较小的书架。这种布置适合于藏书较多，开间较窄的书房。

2 U形

U形适用于家里书籍较多，书房较大的家庭。它的组合方式主要有两种：可以两面放置书柜，靠近窗户的位置摆放书桌；也可以三面都设置书柜，书桌独立摆放。这种摆放方式能够最大限度地利用边角空间。

3 L形

书桌靠窗放置，而书柜放在边侧墙处，取阅方便，同时书桌靠近窗户，光线好。这种布置方式可以节省空间，中部留有很大的空间可以作为休闲活动区域。

4 并列型

墙面满铺书柜，中间一般会空出一个区域挂画，作为书桌后的背景，而侧墙开窗，使自然光线均匀投射到书桌上。这种方式一般适合古典风格，会显得非常大气，也是最常见的摆放方式。

Chapter 2

软装饰品

窗帘

床上用品

地毯

灯具

餐具

镜子

装饰画

工艺品

装饰花艺

绿植盆栽

窗帘 调节光线的好帮手

软装快照

（1）窗帘是家居装饰中不可或缺的要素，为居室带来万种风情。此外，窗帘还具保护隐私、调节光线和室内保温等功能；而厚重、绒类布料的窗帘还可以吸收噪声，在一定程度起到遮尘防噪的效果。

（2）按其形式可分为平开帘、罗马帘、卷帘、百叶帘。

（3）选购窗帘色彩、质料，应区分出季节的不同特点。夏季用质料轻薄、透明柔软的纱或绸，以浅色为佳；冬天宜用质料深厚、细密的绒布，颜色暖重。春秋季用厚料冰丝、花布、仿真丝等，色泽以中色为宜。而花布窗帘活泼明快，四季皆宜。

（4）窗帘的宽度尺寸一般以两侧比窗户各宽出10厘米左右为宜，底部应视窗帘式样而定，短式窗帘也应长于窗台底线20厘米左右为宜；落地窗帘，一般应距地面2～3厘米。

根据人群的不同选择不同颜色的窗帘

如果窗帘颜色过于深沉，时间久了，会使人心情抑郁；颜色太鲜亮也不好，一些新婚夫妇喜欢选择颜色鲜艳的窗帘，但时间一长，会造成视觉疲劳，使人心情烦躁。其实，不妨去繁就简，选择浅绿、淡蓝等自然、清新的颜色，能使人心情愉悦；容易失眠的人，可以尝试选用红、黑配合的窗帘，有助于尽快入眠；对于性格急躁的人，冷色调的窗帘使其情绪稳定；对于性格内向的人，明快的浅色调，则可以调整其心态。

▲棕色带花纹的窗帘与沙发颜色相协调，共同为客厅营造出低调奢华的氛围

▲绿色的窗帘轻盈靓丽，与粉色、橙色的家具搭配和谐，共同演绎出欢快的乐章

一看就懂的窗帘分类

软装家具

软装饰品 Chapter 2

软装材质

软装色彩

不同人群的软装搭配

不同家居风格的软装搭配

① 平开帘/开合帘

平开帘指沿着窗户和轨道的轨迹做平行移动的窗帘。主要包括的形式有欧式豪华型、罗马杆式及简约式等。欧式豪华型以色彩浓郁的大花为主，看上去比较华贵富丽；罗马杆式窗帘的轨道是用各种不同造型和材质的罗马杆制成的，花型和做法的变化多。简约式以素色、条格形或色彩比较淡雅的小花草为素材。

② 罗马帘

罗马帘指在绳索的牵引下做上下移动的窗帘。比较适合安装在豪华风格的居室中，特别适合有大面积玻璃的观景窗。面料的选择比较广泛，罗马帘的装饰效果华丽、漂亮。它的款式有普通拉绳式、横杆式、扇形、波浪形几种形式。

③ 卷帘

卷帘指随着卷管的卷动而做上下移动的窗帘，一般起阻挡视线的作用。材质一般选用压成各种纹路或印成各种图案的无纺布。并且亮而不透，表面挺括，周边没有花哨的装饰，且花色多样、使用方便、非常便于清洗。比较适合安装在书房、卫浴间等面积小的房间。

④ 百叶帘

百叶帘指可以做180°调节并做上下垂直或左右平移的硬质窗帘。百叶帘遮光效果好、透气性强，可以直接水洗，易清洁。适用性比较广，如书房、卫生间、厨房间、办公室及一些公共场所都适用，具有阻挡视线和调节光线的作用。

⑤ 木织帘

木织帘与其说是窗帘，不如说是家居风格化的装饰物。目前家居装饰流行粗犷的、返璞归真的风格，所以各种木织帘成为目前时尚的家居饰品。但木织帘在晚间使用时一般遮光性较差，还需在外面再加一层布艺窗帘。

一学就会的搭配技巧

软装家具

软装饰品 Chapter 2

软装材质

软装色彩

不同人群的软装搭配

不同家居风格的软装搭配

① 窗帘色彩应与环境相协调

一般来说，窗帘颜色应与地面接近，如地面是紫红色的，窗帘可选择粉红、桃红等近似于地面的颜色，但也不可千篇一律，如面积较小的房间，地板栗红色，再选用栗红色窗帘，就会显得房间狭小。所以，当地面同家具颜色对比度强的时候，可以地面颜色为中心进行选择；地面颜色同家具颜色对比度较弱时，可以家具颜色为中心进行选择。

② 根据空间特点选择窗帘

空间面积大，窗帘可选较大花型，给人强烈的视觉冲击力，但会使空间令人感觉有所缩小；空间面积小，窗帘应选择较小花型，令人感到温馨、恬静，且会使空间令人感觉有所扩大；新婚房，窗帘色彩宜鲜艳、浓烈，以增加热闹、欢乐气氛。老人房，窗帘宜用素静、平和色调，以呈现安静、和睦的氛围。

TIPS:
窗帘图案不宜太琐碎

窗帘图案主要有两种类型，即抽象型（又叫几何形，如方、圆、条纹及其他形状）和天然物质形态图案（如动物、植物、山水风光等）。选择窗帘图案时一般应注意，窗帘图案不宜过于琐碎，要考虑打褶后的效果。窗帘花纹不宜选择斜面，否则会使人产生倾斜感。另外，高大的房间宜选横向花纹，低矮的房间宜选竖向条纹。

不同空间窗帘颜色的搭配方法

客厅	客厅选择暖色调图案的窗帘，能给人以热情好客之感，若加以网状窗纱点缀，更会增强整个房间的艺术魅力
餐厅	餐厅的窗帘宜用暖色调，例如，黄色和橙色都能增进食欲
书房	书房的窗帘以中性偏冷色调为佳，能令人冷静，从而集中注意力。其中淡绿色、墨绿色、浅蓝色都比较合适
卧室	卧室则应选择平稳色、静感色窗帘，如浅棕色、棕红色的家具可搭配米黄、橘黄色窗帘，白色家具可配浅咖啡、浅蓝、米色窗帘，使房间显得幽雅而不冷清，热烈而不俗气

根据窗户特点选择窗帘的方法

高而窄的窗户	选长度刚过窗台的短帘，并向两侧延伸过窗框，尽量暴露最大的窗幅
宽而短的窗户	选长帘、高帘，让窗幔紧贴窗框，遮掩窗框宽的问题
较矮的窗户	可在窗上或窗下挂同色的半截帘，使其刚好遮掩窗框和窗台，造成视觉的错觉

 一点就通的布置方法

1 通用型窗帘布

计算方法是布料的宽度等于窗户或轨道宽度的2.5~2.8倍。该用法褶皱均匀，立体层次明显，效果较好，是目前窗帘布料最适合的计算方法，应用得也最为普遍。

软装家具

软装饰品 Chapter 2

软装材质

软装色彩

不同人群的软装搭配

不同家居风格的软装搭配

② 豪华型窗帘布

　　计算方法是布料的宽度等于窗户或轨道宽度的3~3.5倍。该用法褶皱感强，层次错落有致，立体效果显著，适合较大面积的居室使用，且窗帘基本上是落地式的，此种方式适合经济较富裕、居室追求豪华气派风格的人群使用。

③ 经济适用型窗帘布

　　计算方法是布料的宽度等于窗户或轨道宽度的1.5倍。该用法的最大优点就是经济，但最大缺点就是布基本上是平摊开来，没有褶皱感和立体感，视觉效果较差，适合简约的居家风格。

TIPS:
窗帘尺寸

　　一般落地窗，需要从顶部一直量到地面，就是房间的实际高度适当地减去5~10厘米，就是窗帘的高度。飘窗就只需要直接量窗户内高再减去2~5厘米。齐腰窗的尺寸就要参考选择的窗帘布艺了，因为不同的布艺对窗帘的效果有一定的影响。一般做半截窗帘都会要求窗帘的高度比窗户多出20~30厘米，也就是从天花顶部或窗帘盒顶至窗户下沿以下20~30厘米的距离。

床上用品

令睡眠更舒适

软装快照

（1）床上用品作为家居装饰的一部分，选择其颜色时最好与家居的装饰色彩相搭配，这样才能显出完美的装饰效果。

（2）床品面料分为纯棉、涤棉、麻类、真丝床品；被芯分为棉被、羊毛被、蚕丝被、羽绒被被芯；枕芯分为乳胶、决明子、荞麦、羽绒枕芯。

（3）春夏两季，气温相对高些，床上用品的颜色应选择清新淡雅的冷色，质地应选择较薄一些的面料，而秋冬两季气温下降，天气寒冷，床罩的颜色应趋向暖色，在质地上应该选择较厚的面料。

床上用品可以体现个性化

不同风格的床配上气质相投的床上用品可以起到画龙点睛的作用，所以床上用品款式的选择尤其重要。如果想表现卧室整洁、简约的风格，就挑色彩平淡、花纹朴素的面料来搭配；想制造奢华的效果则可以用带花纹缀边的图案布料来装饰，再放上格调一致的布垫和毯子，一个完美精致的卧室就这样轻松打造出来了。

▲白色床单与淡蓝色抱枕的搭配，令居室更加自然舒适

▲大花图案的床上用品，与空间格调十分契合，为空间带来了自然气息

一看就懂的床品面料分类

1 纯棉

纯棉手感好，使用舒适，易染色，花型品种变化丰富，耐洗，带静电少，是床上用品广泛采用的材质；但是容易起皱，易缩水，弹性差，耐酸不耐碱，不宜在100℃以上的高温下长时间处理，所以棉制品熨烫时最好喷湿，易于熨平。有条件的话，每次使用后都用蒸汽熨斗将产品熨平，效果会更好。

2 涤棉

涤棉床品一般采用65%涤纶、35%棉配比而成，涤棉分为平纹和斜纹两种。平纹涤棉布面细薄，强度和耐磨性好，缩水率极小，且价格实惠，但舒适性不如纯棉。斜纹涤棉通常比平纹密度大，密致厚实，表面光泽、手感都比平纹好。此外，由于涤纶不易染色，所以涤棉面料多为清浅色调，更适合春夏季使用。

3 麻类

麻类纤维具有天然优良特性，是其他纤维无可比拟的。麻类床上用品具有独特的卫生、护肤、抗菌、保健功能，并能够改善睡眠质量。麻类纤维强度高，有良好的着色性能，具有生动的凹凸纹理。

4 真丝

真丝面料一般指蚕丝，包括桑蚕丝、柞蚕丝、蓖麻蚕丝、木薯蚕丝等。真丝的吸湿性、透气性好，静电性小。同时，还有利于防止湿疹、皮肤瘙痒等皮肤病的产生。因为蚕丝中含有20多种人体需要的氨基酸，可以帮助皮肤维持表面脂膜的新陈代谢，使人的皮肤变得光滑润泽，被赞誉为人类的"第二皮肤"。

软装家具

Chapter 2 软装饰品

软装材质

软装色彩

不同人群的软装搭配

不同家居风格的软装搭配

一看就懂的被芯分类

1 棉被

棉被芯是以棉絮为填充物的传统被子，手感蓬松，保暖性好，价格便宜。缺点是不易清洗，棉容易吸潮板结而影响其保暖性，需要经常晾晒。

2 羊毛被

在所有纤维中，羊毛有着独特的绝热性，其自然的弹性卷曲可有效保留空气并使之均匀分布在纤维间。羊毛被子耐用、轻柔、舒适，可适用于多种气候的睡眠要求。特别适合有哮喘病或呼吸道敏感的人使用。

3 蚕丝被

蚕丝被芯有良好的保暖性和吸湿性。蚕丝织物质地轻软、触感舒适。蚕丝富含人体必需的氨基酸，对皮肤的排汗、呼吸有很好的辅助作用，它对人体有滋养功能，可以促进皮肤的新陈代谢。以蚕丝充填的蚕丝被子可以使皮肤自由地排汗、呼吸，保持皮肤清洁，令人倍感舒适。

4 羽绒被

羽绒被芯能够在睡眠时吸收身体散发出来的水蒸气，并将它排离体表，使人体保持在恒温的状态下。它的保暖性、透气性和舒适性也很好，非常轻。但如果不是非常高档的羽绒被，里面的羽毛可能会掉出来，导致易过敏人群过敏，所以一般老人和小孩不适合用羽绒被。

一看就懂的枕芯分类

1 乳胶

乳胶枕价格比较昂贵，但弹性好、不易变形、支撑力强。乳胶对于骨骼正在发育的儿童来说，可以改变头形，而且不会有引发呼吸道过敏的灰尘、纤维等过敏源，有的乳胶枕还具有按摩和促进血液循环的效果。

2 决明子

决明子性微寒，略带青草香味，其种子坚硬，可对头部和颈部穴位按摩，所以对头痛、头晕、失眠，脑动脉硬化、颈椎病等，均有辅助作用。另外决明子特有凉爽特性，夏天使用特别舒适。

3 荞麦

荞麦枕是天然材质的枕头，荞麦具有坚韧不易碎的菱形结构，而荞麦皮枕可以随着头部左右移动而改变形状。清洁的方法是定期放在太阳下照射，其缺点则是可塑性较差，很难贴合人体曲线。

4 羽绒

好的羽绒枕，蓬松度较佳，可提供给头部较好的支撑，也不会因使用久了而变形。而且羽绒有质轻、透气、不闷热的优点。羽绒枕是上好材质的枕头，但其最突出的缺点是不便清洗。

软装家具

Chapter 2 软装饰品

软装材质

软装色彩

不同人群的软装搭配

不同家居风格的软装搭配

1 根据居住人群搭配床品颜色

老年人的居室用浅橘黄色的床罩，能使人精神振奋，心情愉快；新婚者的居室宜选用鲜艳浓烈色彩的床上用品，为房间增添喜庆气氛；倘若居室主人患有血压或心脏病，最好铺上淡蓝色的床上用品，以利于血压下降、脉搏恢复正常；情绪不稳定易急躁的人，居室宜用嫩绿色床上用品，以便松弛神精，舒缓情绪。

2 床品要以舒适为主

人们对床上用品除满足美观的要求外，更注重其舒适度。舒适度主要取决于采用的面料，好的面料应该兼具高撕裂强度、耐磨性、吸湿性和良好的手感，另外，缩水率应该控制在1%之内。

TIPS:
床品颜色的搭配禁忌

接触红色过多，会让人产生焦虑情绪。所以，失眠、神经衰弱、心血管病患者不宜使用红色床品或装饰家居，以免加重病情；金黄色易造成情绪不稳定，所以，患有抑郁症和狂躁症的人不宜用金黄色床品。

③ 利用抱枕调节卧室气氛

　　靠枕能够调节卧室的气氛，装饰效果突出，通过色彩、质地、面料与周围环境的对比，使室内的艺术效果更加丰富。靠枕的形状很多，不但有方形、圆形、椭圆形等，还有动物、水果或者人物形状的靠枕，趣味性十足。根据床上用品的图案进行设计会具有整体感，单独设计则可以起到活跃氛围的作用。

 ## 一点就通的布置方法

根据床的规格选择床上用品

- 1.2米床：被套150厘米×210厘米；床单190厘米×245厘米；枕套48厘米×74厘米。
- 1.5米床：被套200厘米×235厘米；床单240厘米×245厘米；枕套48厘米×74厘米。
- 1.8米床：被套220厘米×240厘米；床单270厘米×245厘米；枕套48厘米×74厘米。
- 2.0米床：被套240厘米×260厘米；床单290厘米×245厘米；枕套48厘米×74厘米。

▲以棕色为主色调的卧室，搭配白色的床品，令空间更显雅致、静谧

软装家具

软装饰品

Chapter 2

软装材质

软装色彩

不同人群的软装搭配

不同家居风格的软装搭配

地毯

提升家居亮点

（1）地毯最初是用来铺地御寒的，随着工艺的发展，成为高级装饰品，能够隔热、防潮，具有较高的舒适感，同时兼具良好的观赏效果。

（2）常见的地毯包括羊毛地毯、混纺地毯、化纤地毯、塑料地毯、草织地毯等。

（3）一般来说，选择室内使用面积最大、最抢眼的颜色，这样搭配不容易出错，比较保险。如果家里的装饰风格比较前卫，混搭的色彩比较多，也可以挑选室内少有的色彩或中性色。

（4）地毯的规格和尺寸也要和房间的功能适应，卧室陈设比较简单，面积小，可选择灵活的圆形小地毯。餐厅地毯尺寸不宜太大，覆盖面积达到60％就可以了，尽量把桌椅的位置都覆盖到。

根据采光选择地毯颜色

一般朝南或东南的住房，采光面积大，最好选用偏蓝、偏紫等冷色调的地毯，可以中和强烈的光线；如果是西北朝向的，采光有限，则应选用偏红、偏橙等暖色调的地毯，这样会使本来阴冷的住房感觉更温馨，同时还可以起到增大空间的效果。

▲颜色各异的抱枕与粉色的地毯一起营造出客厅的欢快气氛

▲红色的地毯颜色热烈，令餐厅更加温馨，能够很好地调动人的食欲

一看就懂的地毯分类

1 羊毛地毯

羊毛地毯以羊毛为主要原料，毛质细密，具有天然的弹性，受压后能很快恢复原状；不带静电，不易吸尘土，具有天然的阻燃性。

2 混纺地毯

混纺地毯掺有合成纤维，价格较低。花色、质感和手感上与羊毛地毯差别不大，但克服了羊毛地毯不耐虫蛀的缺点，同时具有更高的耐磨性，有吸声、保湿、弹性好、脚感好等特点。

3 化纤地毯

化纤地毯也叫合成纤维地毯，如丙纶化纤地毯、尼龙地毯等。它是用簇绒法或机织法将合成纤维制成面层，再与麻布底层缝合而成。化纤地毯耐磨性好并且富有弹性，价格较低。

4 塑料地毯

塑料地毯采用聚氯乙烯树脂、增塑剂等混炼、塑制而成。质地柔软，色彩鲜艳，舒适耐用，不易燃烧且可自熄，不怕湿，经常用于浴室，起防滑作用。

5 草织地毯

草织地毯主要由草、麻、玉米皮等材料加工漂白后纺织而成。乡土气息浓厚，适合夏季铺设。但易脏、不易保养，经常下雨的潮湿地区不宜使用。

软装家具

Chapter 2 软装饰品

软装材质

软装色彩

不同人群的软装搭配

不同家居风格的软装搭配

1 根据使用条件搭配地毯

家居环境可以根据使用条件选择不同材料及花色的地毯。比如，人流频繁的房间选择容量大、绒质较低，耐磨损的卷绒的带麻针织地毯；门厅、卫生间可用防水防腐、弹性好、色泽鲜艳的塑料或橡胶地毯；儿童房可以选择带有卡通图案，既容易清洁又防滑的尼龙地毯。

2 根据家居色彩搭配地毯

在墙面、家具、软装饰都以白色为主的空间中，不妨让空间中的其他家居品都成为映衬地毯艳丽图案的背景色；色彩丰富的家居环境中，最好选用能呼应空间色彩的纯色地毯。选择与壁纸、窗帘、靠包等装饰图案相同或近似的地毯，可以令空间呈现立体装饰效果，这是在装饰复杂的环境中使用地毯的法宝之一。

3 地毯应与空间风格协调统一

现代风格的沙发最好搭配简洁、抽象风格的地毯；真皮沙发适宜配质地厚重、风格相宜的羊毛地毯或仿羊毛地毯；红木家具和古典家具最好配具有波斯风格传统图案的地毯；实木餐桌或大理石茶几下面最好选有边框设计的地毯；透明玻璃茶几下面宜配中间有图案的地毯，卧室宜搭配以温馨为基调的地毯等。

软装家具

软装饰品 Chapter 2

软装材质

软装色彩

不同人群的软装搭配

不同家居风格的软装搭配

根据家居空间选择地毯的方法

1	挑高空旷的空间中，地毯的选择可以不受面积的制约而有更多变化，合理搭配一款适宜的地毯能弥补大空间的空旷缺陷
2	开放式的空间中，地毯不仅能起到装饰作用，还可用于象征性功能分区。例如挑选一两块小地毯铺在就餐区和会客区，空间布局即刻一目了然
3	在大房间中试试地毯压角斜铺，一定能为空间带去更多变化感
4	如果整个房间通铺长绒地毯，能起到收缩面积感，降低房高的视觉效果

一点就通的布置方法

根据空间布置地毯

在客厅、餐厅和卧室内放几块自己喜欢的地毯，在家居装饰中起到画龙点睛的作用。客厅地毯有两种选择，一是根据茶几的尺寸，放在沙发前茶几下面。另一种是将沙发也放在地毯上，形成整体划一的感觉。而餐厅地毯的选择要根据餐桌一周拉出椅子的面积。卧室地毯可以放在床头或是床的两侧，既美观又实用。

TIPS:
地毯的常见尺寸和使用方法

（1）60厘米×120厘米，常常铺放在浴室、厨房和门口。

（2）90厘米×150厘米，一般也是放在房子入口和厨房。

（3）120厘米×180厘米，一般放在门口或者较小的茶几下。

（4）1.5米×2.4米，这是沙发区最常见的地毯尺寸。

（5）1.8米×2.7米，这也是常用的沙发地毯尺寸，可根据沙发的具体尺寸选择。

（6）2.4米×3米，多用于大型客厅。或者铺在餐桌下面，这样就算把凳子往后移，也能够保证凳脚在毯面上。

（7）2.7米×3.6米，这是一款适合别墅类的大客厅和大餐厅的地毯。

灯具

点亮居室生活

（1）灯具除了用来照明，同时也是室内最具魅力的调情师。一盏好的灯具，能让家或浪漫或温柔或清新有格调。

（2）生活中常见的灯具包括吊灯、吸顶灯、落地灯、壁灯、台灯、射灯、筒灯。

（3）灯具的选择必须考虑到家居装修的风格，墙面的色泽，以及家具的色彩等，否则灯具与居室的整体风格不一致，会弄巧成拙。如家居风格为简约风格，就不适合繁复华丽的水晶吊灯；或者室内墙纸色彩为浅色系，理当以暖色调的白炽灯为光源。

（4）家居装饰灯具的应用需根据室内面积来选择，如12平方米以下的居室宜采用直径20厘米以下的吸顶灯或壁灯，灯具数量、大小应配合适宜，以免显得过于拥挤。

灯具是居室内最具魅力的情调大师

灯具在家居空间中不仅具有照明的实用功能，同时还具有装饰作用。灯具应讲究光、造型、色质、结构等总体形态效应，是构成家居空间效果的基础。造型各异的灯具，可以令家居环境呈现出不同的容貌，创造出与众不同的家居环境；而灯具散射出的灯光既可以创造气氛，又可以加强空间感和立体感，可谓是居室内最具有魅力的情调大师。

▲绿色和蓝色为主色调的卧室给人以活力的气息。搭配圆形的吊顶，令居室充满了雅致的情调

▲充满甜美气息的客厅，搭配一款深绿色的台灯，令空间色彩更加平衡、唯美

一看就懂的灯具分类

1 吊灯

常用的有中式吊灯、水晶吊灯、羊皮纸吊灯、锥形罩花灯、尖扁罩花灯、束腰罩花灯、玉兰罩花灯、橄榄吊灯等。用于居室的分单头吊灯和多头吊灯两种。适用于卧室、餐厅和客厅。吊灯的安装高度，其最低点应离地面不小于2.2米。

2 吸顶灯

常用的有方罩吸顶灯、圆球吸顶灯、尖扁圆吸顶灯、半圆球吸顶灯、半扁球吸顶灯、小长方罩吸顶灯等。安装简易，款式简洁，具有清朗明快的感觉。吸顶灯适合客厅、卧室、厨房、卫生间等处的照明。

3 落地灯

落地灯常用作局部照明，不讲全面性，而强调移动的便利，对于角落气氛的营造十分有利。落地灯的采光方式若是直接向下投射，适合阅读等需要精神集中的地方。落地灯一般放在沙发拐角处，灯光柔和，晚上看电视时，效果很好。落地灯的灯罩材质种类丰富，可根据喜好选择。

4 壁灯

壁灯常用的有双头玉兰壁灯、双头橄榄壁灯、双头鼓形壁灯、双头花边杯壁灯、玉柱壁灯、镜前壁灯等。壁灯的安装高度，其灯泡应离地面不小于1.8米。一般用于卧室、卫生间照明。

软装家具

软装饰品 Chapter 2

软装材质

软装色彩

不同人群的软装搭配

不同家居风格的软装搭配

5 台灯

台灯属于生活电器，按材质分陶灯、木灯、铁艺灯、铜灯等。按光源分灯泡、插拔灯管、灯珠台灯等。台灯光线集中，便于工作和学习。一般客厅、卧室等用装饰台灯，工作台、学习台用节能护眼台灯。

6 射灯

射灯的光线直接照射在需要强调的器物上，以突出主观审美作用，达到重点突出、层次丰富、气氛浓郁、缤纷多彩的艺术效果。射灯光线柔和，雍容华贵，既可对整体照明起主导作用，又可局部采光，烘托气氛。射灯可安置在吊顶四周或家具上部，也可置于墙内、墙裙或踢脚线里。

7 筒灯

筒灯是嵌装于天花板内部的隐置性灯具，所有光线都向下投射，属于直接配光。可以用不同的反射器、镜片来取得不同的光线效果。装设多盏筒灯，可增加空间的柔和气氛。筒灯一般装设在卧室、客厅、卫生间的周边天棚上。

一学就会的搭配技巧

① 根据不同人群选择合适的灯具

不同的人群有不同的照明需求。例如，老年人生活简朴，爱静，所用灯具的色彩、造型要衬托老年人典雅大方的风范。另外，为方便老人起夜，可在床头设一盏低照度长明灯；青年人对灯饰要突出新、奇、特。灯具应彰显个性，造型富有创意，色彩鲜明；儿童灯饰造型、色彩既要体现童趣，又要有利于儿童健康成长。主体灯力求简洁明快，可用简洁式吊灯或吸顶灯，做作业的桌面上的灯光要明亮。

利用灯光将小空间变得宽敞的方法

1	较小的空间应尽量把灯具藏进吊顶
2	用光线来强调墙面和吊顶，会使小空间变大
3	用灯光强调浅色的反向墙面，会在视觉上延展一个墙面，从而使较狭窄的空间显得较宽敞
4	用向上的灯光照在浅色的表面上，会使较低的空间显高

利用灯光令大空间具有私密性的方法

1	较宽敞的空间可以将灯具安装在显眼位置，并令其能照射到360°
2	使大空间获得私密感，可利用朦胧灯光的照射，使四周墙面变暗，并用射灯强调出展品
3	采用深色的墙面，并用射灯集中照射展品，会减少空间的宽敞感
4	用吊灯向下投射，则使较高的空间显低，获得私密性

② 门厅搭配灯具的方法

门厅是给人最初印象的地方，灯光要明亮，灯具要安置在进门处和深入室内空间的交界处。在柜上或墙上设灯，会使门厅内有宽阔感。吸顶灯搭配壁灯或射灯，优雅和谐。而感应式的灯具系统，可解决回家摸黑入内的不便。

③ 客厅搭配灯具的方法

　　客厅的照明灯具应与其他家具相谐调，营造良好的会客环境和家居气氛。如果客厅较大(超过20平方米)，而且层高3米以上，宜选择大一些的多头吊灯。高度较低、面积较小的客厅，应该选择吸顶灯，因为光源距地面2.3米左右，照明效果最好。

④ 餐厅搭配灯具的方法

　　餐厅的局部照明要采用悬挂灯具，以方便用餐。同时还要设置一般照明，使整个房间有一定程度的明亮度。柔和的黄色光，可以使餐桌上的菜肴看起来更美味，增添家庭团聚的气氛和情调。

⑤ 卧室搭配灯具的方法

　　卧室是主人休息的私人空间，应选择眩光少的深罩型、半透明型灯具，在入口和床旁共设三个开关。灯光的颜色最好是橘色、淡黄色等中性色或是暖色，有助于营造舒适温馨的氛围。除了选择主灯外，还应有台灯、壁灯等，以起到局部照明和装饰美化小环境的作用。

⑥ 书房搭配灯具的方法

书房中除了布置台灯外还要设置一般照明，减少室内亮度对比，避免疲劳。书房照明主要满足阅读、写作之用，要考虑灯光的功能性，款式简单大方即可，光线要柔和明亮，避免眩光，使人舒适地学习和工作。

⑦ 厨房搭配灯具的方法

厨房中的灯具必须有足够的亮度，以满足烹饪者操作时的需要。厨房除需安装有散射光的防油烟吸顶灯外，还应按照灶台的布置，安装壁灯或照顾工作台面的灯具。安装灯具的位置应尽可能地远离灶台，避开蒸汽和油烟，并要使用安全插座。灯具的造型应尽可能的简单，以方便擦拭。

 一点就通的布置方法

灯具大小要结合室内面积

家居装饰灯具的应用需根据室内面积来选择，如12平方米以下的居室宜采用直径为20厘米以下的吸顶灯或壁灯，灯具数量、大小应配合适宜，以免显得过于拥挤；15平方米左右的居室应采用直径为30厘米左右的吸顶灯或多叉花饰吊灯，灯的直径最大不得超过40厘米。20平方米以上的居室，灯具的尺寸一般不超过50厘米×50厘米即可。

软装家具

Chapter 2 软装饰品

软装材质

软装色彩

不同人群的软装搭配

不同家居风格的软装搭配

餐具 体现饮食意境

（1）好的菜品讲究色香味俱全，这里的色是一个整体感官效应。除了菜品本身的颜色外，盛放菜品的餐具也不可小觑。好的搭配能令菜品锦上添花。

（2）餐具按材质分为瓷器餐具、玻璃餐具、塑料餐具、不锈钢餐具、木器餐具等。

（3）餐具以及烛台的款式选择宜从餐桌的风格入手，例如欧式风格的餐厅，可以搭配描金花纹类的餐具和华丽造型的烛台；现代感的餐厅，可以搭配色彩活泼一些的大花餐具以及水晶材质、金属材质的烛台；中式风格的餐厅则可采用古典花纹款式的餐具，比如青花瓷。

（4）菜肴的数量要和器皿的大小相称，一般来说，平底盘、汤盘（包括鱼盘）中的凹凸线是食、器结合的"最佳线"，用盘盛菜时，以菜不漫过此线为佳。用碗盛汤，则以八成满为宜，即菜点应占碗容积的80%～90%，汤汁不能漫到碗沿。装全鱼或其他整形菜，配用的餐具要使菜前不露头，后不露尾。

餐具能体现出不同的饮食意境

餐具是餐厅中重要的软装部分，精美的餐具能够让人感到赏心悦目，增进食欲，讲究的餐具搭配更能够从细节上体现居住者的高雅品位。素雅、高贵、简洁或繁复的不同颜色及图案的餐具搭配，能够体现出不同的饮食意境。

▲粉色系的餐巾搭配晶莹剔透的玻璃，令人心旷神怡，很好地调动了用餐者的味蕾

▲简单的白色瓷器是永不过时的餐具，特有的光泽度令餐品更加诱人

一看就懂的餐具分类

软装家具

Chapter 2 软装饰品

软装材质

软装色彩

不同人群的软装搭配

不同家居风格的软装搭配

① 瓷器餐具

造型多样、细腻光滑、色彩明丽且便于清洗。瓷器餐具主要包括碟、茶杯、茶杯碟、咖啡壶、茶壶等。瓷器的图案大致可分为传统、经典和现代三种。传统图案经过历史的传承，具有很强的装饰性和古典感；经典图案较为简洁，不会跟室内的布置产生不协调的效果；现代图案则更具潮流感和时尚感。

② 玻璃餐具

透明光亮、清洁卫生，一般不含有毒物质。但玻璃餐具易碎，有时也会"发霉"，这是因为玻璃长期受水的侵蚀，会生成对人体健康有害的物质，所以要经常用碱性洗涤剂洗除。常用的玻璃餐具包括各种酒杯、醒酒器、冰桶、糖罐、奶罐、沙拉碗等，宜与瓷器的款式和风格搭配购买。

③ 塑料餐具

常用的塑料餐具基本上是以聚乙烯和聚丙烯作原料的。这是大多数国家卫生部门认可的无毒塑料，市场上的糖盒、茶盘、饭碗、冷水壶、奶瓶等均是这类塑料。据检测，部分塑料餐具的色彩图案中铅、镉等重金属元素释出量超标。因此尽量选择没有装饰图案且无色无味的塑料餐具。

4 不锈钢餐具

不锈钢餐具美观大方、轻便好用、耐腐蚀不生锈，颇受人们青睐，不锈钢是由铁铬合金掺入镍、钼等金属制成，这些金属中有的对人体有害，因此使用时应注意，不要长时间盛放盐、酱油、醋等，因为这些食物中的电解质与不锈钢长期接触会发生反应，使有害物质被溶解出来。

5 木质餐具

木质餐具的最大优点是取材方便，且没有有害化学物质的毒性作用。但是它们的弱点是比其他餐具容易被污染、发霉。假如不注意消毒，易引起肠道传染病。

6 密胺餐具

密胺餐具又称仿瓷餐具、美耐皿，由密胺树脂粉加热加压铸模而成，一种以树脂为原料加工制作的外观类似于瓷的餐具，比瓷坚实，不易碎，而且色泽鲜艳，光洁度强。安全卫生，无毒无味，被广泛应用于快餐业及儿童饮食业等。

一学就会的搭配技巧

软装家具

Chapter 2 软装饰品

软装材质

软装色彩

不同人群的软装搭配

不同家居风格的软装搭配

① 不同质地的菜点配用不同的餐具

在选择餐具的品种时，明确菜肴质地的干湿程度、软硬情况、汤汁多少，配用适宜的平盘、汤盘、碗等配套餐具，它不单单是为了审美，更重要的是便于食用。例如：装干菜，一般配用平盘或碟；对煎、炒、炸、爆等无芡汁或有芡汁而无汤的菜肴宜用平盘；装汤汁比较多的烩、炖、汆等菜肴时就用汤盘，以防汤汁溢出，给进餐者带来不便。

② 盛器的形状要和菜点的形状相统一

菜肴是讲究形体美的，有的圆润饱满，有的丝条均匀，有的片块整齐，而盛具的种类较多，形状不一，各有各的用途，在选用时必须根据菜肴的形态来选择相适应的盛具。例如鱼类菜，无论是整形的，还是条、块、片状的，都宜用长盘；而对丸子类的圆形菜，就应配用圆形盘；对滑炒鸡丝等丝状菜肴则应用条形盘；带些汤汁的烩菜、煨菜装在汤盘内较合适。

③ 餐具配用要考虑到菜肴的点缀、美化

成型的菜肴一般都要进行点缀和围边，用以达到美化菜肴的目的。所以我们在使用餐具时就要考虑菜肴的点缀、围边将采用何种形式。要做到既可以弥补菜肴平淡之不足，又能增加菜肴的色彩，使菜肴更具有清新感，爽心悦目。

1 西餐桌的布置

（1）大餐盘位于餐桌的中央。小面包碟被放置在大餐盘左侧，餐叉的上方，同时还会放置黄油刀。

（2）将高脚水杯放置在客人正餐刀的上方，将细长的香槟酒杯放置在水杯和其余杯子之间。

（3）将沙拉叉放置在大餐盘左侧1英寸（约2.5厘米）的地方，将正餐叉放置在沙拉叉的左边，鱼叉放置在正餐叉的左边。

（4）将正餐刀（如果有肉菜的话，也可以放主菜刀）放置在大餐盘右侧1英寸（约2.5厘米）的地方，将鱼刀放置在正餐刀的右边，黄油刀则放在黄油面包碟之上，其手柄斜对着客人。汤勺或者是水果勺置于餐盘右侧，刀具的右边。

（5）甜点餐叉（或者勺子）可以水平放置在大餐盘之上，也可以在供应甜点时再拿给客人。

（6）盐瓶位于胡椒粉瓶的右下方，胡椒粉瓶位于盐瓶的左上方，两者略成角度。一般将盐瓶和胡椒粉瓶置于整套餐具的最上边或者是两套餐具之间。

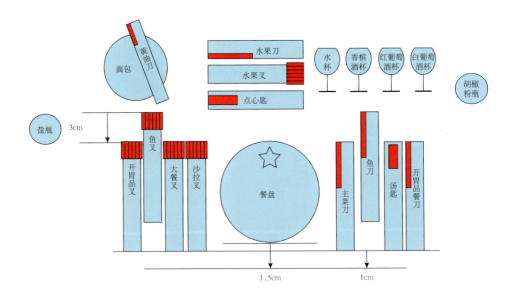

软装家具

Chapter 2 软装饰品

软装材质

软装色彩

不同人群的软装搭配

不同家居风格的软装搭配

② 中餐桌的布置

（1）骨碟（大盘）离身体最近，正对领带餐布一角压在大盘之下，一角垂落桌沿，小盘叠在大盘之上，大盘左侧放手巾左前侧放汤碗，小瓷汤勺放在碗内，右前侧放置酒杯，右侧放筷子和牙签。

（2）中餐中的骨碟（大盘）是作为摆设使用的，用来压住餐布的一角，没有其他用途，用骨碟（大盘）来盛放东西是不合餐桌礼仪的。

（3）小盘叠在骨碟（大盘）之上，用来盛放吃剩下的骨、壳、皮等垃圾。小盘里没有垃圾或者垃圾很少的情况下，也可以用来暂放用筷子夹过来的菜。

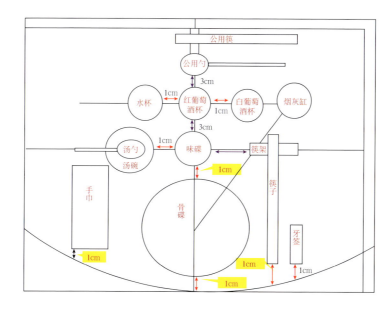

TIPS：
餐桌摆台的布置技巧

不论是西式、中式、国际式摆台，还是宴会摆台，其基本要领是，垫盘正中，盘前横匙，叉左刀右，先外后里，刀尖向上，刀口朝盘，主食靠左，饮具在右，一些专用餐具、烟缸和调料瓶等，可视需要酌情放置。酒杯的数目和种类应根据上酒的品种而定，通常是从左至右起依次放置烈性酒杯、葡萄酒杯、香槟酒杯、啤酒杯。

镜子　整理仪容的好帮手

（1）在家庭中，镜子不仅具有实用性。一些带有缺陷的户型例如面积窄小、进深过长、开间过宽等，可以运用镜子化解，既能够起到掩饰缺点的作用，又能够达到装饰的目的。

（2）家庭装修用到的镜子按照空间可分为玄关镜子、过道镜子、客厅镜子、餐厅镜子、卧室镜子、卫浴间镜子。

（3）在浴室中一般是站着照镜子，浴室镜下沿距离地面应有至少135厘米，如果家庭成员之间身高差距比较大，可以上下再调节一下。尽量让人脸位于镜子的中间，这样成像效果比较好，一般情况下，让镜子中心保持在距地160~165厘米比较好。

镜子可以把空间纵向扩容

镜子在横向可以延展空间的广阔度，在纵向上则可以拉深空间的高度。现在的小高层楼房，楼层高度比一般的房子要矮一些，长期居住在低矮小空间里对人心理会产生不良的影响，可以尝试在吊顶或者墙体上方加入镜子元素，将幽闭的空间借助镜子的反射作用拉伸。

▲灰镜搭配木格栅的沙发背景墙令空间更具层次感，更加通透。虽然镜面运用的较多，但是颜色较深，不容易让人产生眩晕的感受

▲沙发背景墙独具匠心地将镜子与书法相结合，并与棕红色的沙发相搭配，令空间更具神韵

一看就懂的镜子分类

软装家具

Chapter 2 软装饰品

软装材质

软装色彩

不同人群的软装搭配

不同家居风格的软装搭配

1 玄关镜子

玄关处的镜子可以与玄关几搭配使用，采用同一种风格或者同一系列效果更好，玄关几上可以用来放置零碎的、出门使用的东西，如果搭配一些插花、蜡烛或者工艺品则更具品位。

2 过道镜子

可以利用镜子来改变过道的比例，在一侧安装镜子既能够显得美观又能够让人感觉宽敞、明亮。过道中的镜子宜选择大块面的造型镜子，可以是立式的，也可以是横式的，小镜子起不到扩大空间的效果。

3 客厅镜子

客厅最好不要大面积运用镜面装饰，最佳的形式就是和其他材质结合，形成一个完整的背景墙。在镜面面积较大的时候，最好加入一些格纹来弱化整片镜面所带来的不舒适感。

4 餐厅镜子

餐厅中的镜子可以采用大块面的，如果有餐边柜，可以悬挂在餐边柜上方，利用反射映射出餐桌上的菜肴，以及加强灯光效果，促进食欲，美化环境。

5 卧室镜子

卧室中安装镜子更多的是为了满足使用需求，挂在墙上或者橱柜门上，亦或落地式放在地面上，能够照出全身，整理衣服更加方便。但是要注意，镜子不能正对床头，以免给主人造成惊吓。

6 卫浴间镜子

镜子是卫浴间中必不可少的软装。通常的做法是将镜子悬挂在洗漱台的上方；如果空间足够宽敞，可以在洗漱镜的对面安装一面伸缩式的壁挂镜子，能够让人看清脑后方，方便进行染发等动作。如果卫浴间窄小，还可以在浴缸上方悬挂带有框架的镜子，以扩大空间感。

TIPS：
在布置镜子时要避免光污染

镜子反射光源可增加房间亮度，但应避免安装在阳光直射处，以免反射光线使人眩晕；另外，镜子的运用还要结合光线和照明设计，否则镜子来回反射光源也会给空间带来光污染。

一学就会的搭配技巧

软装家具

Chapter 2 软装饰品

软装材质

软装色彩

不同人群的软装搭配

不同家居风格的软装搭配

① 吊顶上方利用镜面装饰

吊顶上方采用镜面装饰会让空间延展一倍，让人产生上方还有一层楼的感觉，再借助吊顶上的灯光让空间更显敞亮。需要注意的是吊顶上方的整块镜面的面积不宜过大，可以在中间重要区域采用镜面，其他位置用正常吊顶即可。

② 角落用镜面更通透

一些角落常常会显得拥堵不堪，但是又不能很好地遮蔽，可以装上镜子让空间延展开，顿时有"打开天窗"的通透感。例如楼梯口旋转处常常空间较小，在稍上的位置装上镜子反射出上层楼梯口的光线，会让小角落空间感和光感都得到提升，而且也起到了装饰作用。

借助镜面令光线增加的方法

借窗口的光线	北方的楼房因为天气原因一般不会开很多很大的窗户，窗口带来的光线有限，巧妙地在窗口对面安装镜子的话会将窗外的光线更大范围地折射到室内，增加室内照明度
借室内的灯光	室内灯光同样是空间只要的光源，在墙壁稍高的位置搭配镜子可以将室内灯光扩增，增加空间的亮度
借鲜艳色彩增亮	除了光线可以增加室内空间的亮度之外，鲜艳的色彩同样可以增加空间亮度，比如在可控范围内装一面镜子映射壁画就可以增加室内的鲜艳色彩，而且映射出的壁画会因为同时映射了更多的光线而比原壁画的亮度更高

装饰画

活跃家居氛围

（1）装饰画是最为常见的软装饰品，属于一种装饰艺术，能给人带来视觉美感、愉悦心灵。装饰画是墙面装饰的点睛之笔，即使是白色的墙面，搭配几幅装饰画也可以变得生动起来。

（2）家居装饰画可以分为中国画、油画、摄影画和工艺画四种。

（3）以装饰画美化居室时，同一个空间内最好选择同种风格的装饰画，也可以偶尔使用一两幅风格截然不同的装饰画做点缀，但不可眼花缭乱。

（4）装饰画的尺寸宜根据房间的特征和主体家具的尺寸选择。例如，客厅的画高度以50～80厘米为佳，长度不宜小于主体家具的2/3，比较小的空间，可以选择高度25厘米左右的装饰画，如果空间高度在3米以上，最好选择大幅的画，以突显效果。

进行室内设计时最好选择同种风格的装饰画

室内装饰画最好选择同种风格，也可以偶尔使用一两幅风格截然不同的装饰画作点缀，但不能使人感觉眼花缭乱。另外，如果选择将装饰画作为装饰的主角，就会使其在空间中非常显眼，具有强烈的视觉冲击力，可以将一般先大件后小件的顺序颠倒过来，可以按照装饰画的风格来搭配家具、靠垫等。

▲卡通风格的装饰画与配色活泼的沙发抱枕相得益彰，令空间更具朝气

▲绿色的花鸟图画面欢快，颜色热烈，与沙发极为和谐，共同营造出浓浓的春意

一看就懂的装饰画分类

软装家具

Chapter 2 软装饰品

软装材质

软装色彩

不同人群的软装搭配

不同家居风格的软装搭配

1 中国画

中国画具有清雅、古逸、含蓄、悠远的意境，不管何种图案均以立意为先，特别适合与中式风格装修居室搭配。中国画常见的形式有横、竖、方、圆、扇形等，可创作在纸、绢、帛、扇面、陶瓷、屏风等材质上。

2 油画

油画具有极强的表现力。具有丰富的色彩变化、层次对比、变化无穷的笔触及坚实的耐久性，内容通常为景物花草或欧洲古典神话故事。非常适合与色彩厚重、风格华丽的欧式风格居室做搭配。

3 摄影画

摄影画是近现代出现的一种装饰画，画面包括"具象"和"抽象"两种类型。摄影画的主题多样，根据画面的色彩和主题的内容，可以搭配不同风格的画框，适合用在多种风格之中。例如：华丽色彩的古典主题可搭配欧式风格、简约的黑白画可搭配现代简约风格等。

4 工艺画

工艺画是指用各种材料通过拼贴、镶嵌、彩绘等工艺制作成的装饰画。具有较高的艺术价值和观赏价值，其品种比较丰富，主要包括壁画、挂屏、屏风等艺术欣赏品。其中挂屏、屏风较适合中式风格装修，而一些抽象纹样的工艺壁画则非常适合简约风格。

装饰画的运用应宁少勿多，宁缺毋滥

装饰画在一个空间环境里形成一两个视觉点即可。如果同时要安排几幅画，必须考虑它们之间的整体性，要求画面是同一艺术风格，画框是同一款式，或者相同的外框尺寸，使人们在视觉上不会感到散乱。

TIPS:
要给墙面适当留白

选择装饰画时首先要考虑悬挂墙面的空间大小。如果墙面有足够的空间，可以挂置一幅面积较大的装饰画；当空间较局促时，则应当考虑面积较小的装饰画，这样才不会令墙面产生压迫感，同时恰当的留白也可以提升空间品位。

▲ 在以白色为主色调的客厅中，搭配一幅颜色跳跃的装饰画，可以打破空间的寂静。令客厅有了视觉焦点

一学就会的搭配技巧

① 色彩与家具相搭配

一般现代家装风格的室内整体以白色为主，在配装饰画时不要选择消极、死气沉沉的装饰画。客厅内尽量选择鲜亮、活泼的色调，如果室内装修色很稳重，比如胡桃木色，就可以选择高级灰、偏艺术感的装饰画；若是明亮简洁的家具和装修，最好选择活泼、温馨、前卫、抽象类的装饰画。

2 形状要与空间相呼应

如果放装饰画的墙面是长方形，可以选择相同形状的单一装饰画或现在比较流行的组合装饰画，尤其是后者，不同的摆放方式和间距，能实现不同的效果。楼梯转弯处随着楼梯的形状摆放，可以令空间更具动感。

3 画面与氛围相符合

室内装饰画选购还要按照房间的气氛，周围环境的格局和变化，结合主人的风格和喜好，配饰不同效果的装饰画，也许能表现出令人意想不到的意境。简约的居室配现代感强的油画会使房间充满活力，可选无外框油画。欧式和古典的居室选择写实风格的油画，如人物肖像、风景等，最好加浮雕外框，显得富丽堂皇、雍容华贵。

4 题材与区域相协调

不同区域选不同题材的装饰画，比如：书房选择字画、山水画，能让读书者心情更加平静；卧室挂风景花卉显得温馨；餐厅内配挂明快欢乐的装饰画，能增加进食欲望，水果、花卉和餐具等与吃有关的图案是不错的选择；儿童房内自然的风景或卡通人物都是不错的选择。

根据居室采光搭配装饰画的方法

光线不理想的房间	不要选用黑白色系的装饰画或国画，这样会让空间显得更为阴暗
光线强烈的房间	不要选用暖色调色彩明亮的装饰画，否则会让空间失去视觉焦点
利用人工照明	家居装饰可以以聚光灯立体地展现艺术品的格调。例如，让一支小聚光灯直接照射挂画，能营造出更精彩的装饰效果

软装家具

软装饰品 Chapter 2

软装材质

软装色彩

不同人群的软装搭配

不同家居风格的软装搭配

一点就通的布置方法

1 对称式

这种布置方式最为保守、不容易出错，是最简单的墙面装饰手法。将两幅装饰画左右或上下对称悬挂，便可以达到装饰效果。而这种由两幅装饰画组成的装饰更适合面积较小的区域。需要提醒的是，这种对称挂法适用于同一系列内容的图画。

2 重复式

面积相对较大的墙面则可以采用重复挂法。将三幅造型、尺寸相同的装饰画平行悬挂，成为墙面装饰。需要提醒的是，三幅装饰画的图案包括边框应尽量简约，浅色或是无框的款式更为适合。图画太过复杂或边框过于夸张的款式均不适合这种挂法，容易显得累赘。

3 水平线式

爱好摄影和旅游的人喜欢在家里布置照片为主题的墙面，来展示自己多年来的旅行足迹，将若干张照片镶在完全一样的相框中悬挂在墙面上未免死板。可以将相框更换成尺寸不同、造型各异的款式，然后以画框的上缘或者下缘为一条水平线进行排列。

4 方框线式

方框线挂法组合出的装饰墙看起来更加整齐。首先需要根据墙面的情况，在脑中勾勒出一个方框形，以此为界，在方框中填入画框，可以放四幅、九幅甚至更多幅装饰画。悬挂时要确保画框都放入了构想中的方框形中，于是尺寸各异的图画便形成一个规则的方形。

5 建筑结构线式

如果房间的层高较高，可以沿着门框和柜子的走势悬挂装饰画，这样在装饰房间的同时，还可以柔和建筑空间中的硬线条。例如，以门和家具作为设计的参考线，悬挂画框或贴上装饰贴纸。而在楼梯间，则可以楼梯坡度为参考线悬挂一组装饰画，将此处变成艺术走廊。

TIPS：
装饰画要根据墙面大小进行选择

现在市场上所说的长度和宽度多是画本身的长宽，并不包括画框在内。因此，在买装饰画前一定要测量好挂画墙面的长度和宽度。特别要注意装饰画的整体形状和墙面搭配，一般来说，狭长墙面适合挂放狭长、多幅组合或小幅画；方形墙面适合挂放横幅、方形或小幅画。

软装家具

Chapter 2 软装饰品

软装材质

软装色彩

不同人群的软装搭配

不同家居风格的软装搭配

工艺品 家居环境的点睛装饰

软装快照

（1）工艺品来源于生活，又创造了高于生活的价值。在家居中运用工艺品进行装饰时，要注意不宜过多、过滥，只有摆放得当、恰到好处，才能拥有良好的装饰效果。

（2）工艺品按其材料质地的不同可分为：金属工艺品、玻璃工艺品、编织工艺品、水晶工艺品、陶瓷工艺品、石质工艺品、木雕工艺品、树脂工艺品。

（3）不同空间应搭配不同的工艺品，例如：书房中的工艺品应体现端丽、清雅的文化气质和风格；卧室中最好摆放柔软、体量小的工艺品作为装饰；陶瓷、塑料色彩艳丽且不容易受到潮湿空气的影响，适合放在卫浴。

（4）一些较大型的反映设计主题的工艺品，应放在较为突出的视觉中心的位置，以起到鲜明的装饰效果，使居室装饰锦上添花。在一些不引人注意的地方，也可放些工艺品，从而丰富居室表情。

摆放得当才能有良好的装饰效果

工艺品想要达到良好的装饰效果，其陈列以及摆放方式都是尤为重要的，既要与整个室内装修的风格相协调，又要能够鲜明体现设计主题。不同类别的工艺品在摆放陈列时，要特别注意将其摆放在适宜的位置，而且不宜过多、过滥。例如：深色家具适合摆放浅色、艳丽的饰品，书柜中间区域适合摆放大件工艺品。

▲红色的台灯和绿色的柜子色彩艳丽，形成鲜明的对比，令空间更为多彩、绚烂

▲金色的玄关柜造型独特，搭配半透明的工艺品，令空间更加灵动、多姿

一看就懂的工艺品分类

1 金属工艺品

金属工艺品是家居中常用的装饰元素，可以成为家居中独特的美学产物。用金、银、铜、铁、锡等金属材料，或以金属材料为主辅以其他材料，加工制作而成的工艺品。具有厚重、雄浑、华贵、典雅、精细的风格。

2 玻璃工艺品

玻璃工艺品也称玻璃手工艺品，是通过手工将玻璃原料或玻璃半成品加工而成的具有艺术价值的产品。它外表通透、多彩、纯净、莹润，可以起到反衬和活跃气氛的效果。较适合现代风格的居室。

3 编织工艺品

编织工艺品是将植物的枝条、叶、茎、皮等加工后，用手工编织而成的工艺品。编织工艺品在原料、色彩、编织工艺等方面形成了天然、朴素、清新、简练的艺术特色。

4 水晶工艺品

水晶工艺品是由水晶材料制作的装饰品，具有晶莹剔透、高贵雅致的特点；不仅有实用价值和装饰作用，还可以聚财镇宅。适合现代风格及具有高雅气息的欧式居室。

软装家具

Chapter 2 软装饰品

软装材质

软装色彩

不同人群的软装搭配

不同家居风格的软装搭配

5 陶瓷工艺品

陶瓷工艺品是由陶瓷材料制成的工艺品，具有时尚美观的艺术特征，和柔和、温润的质感，自古以来都为室内的装饰佳品。适合各种风格的居室。

6 石制工艺品

以石材为原料加工而成的装饰工艺品，具有天然的纹理与色泽，质地冰冷、坚硬。适用范围广泛。可以根据其风格特点来选择具体的造型和色彩。

7 木雕工艺品

以实木为原料雕刻而成的装饰品，是雕刻家心灵手巧的产物，而且也是装饰、装潢、美化环境、陶冶情操的艺术品，具有较高的观赏价值和收藏价值。适合中式及自然类风格。

8 树脂工艺品

树脂工艺品是以树脂为主要原料，通过模具浇注成型，制成各种造型美观形象逼真的人物、动物、昆鸟、山水等，并可达到各种仿真效果。如仿金、银、玉、翡翠、玛瑙、琉璃、水晶等。

一学就会的搭配技巧

1 工艺品与灯光相搭配更适合

工艺品摆设要注意照明，有时可用背光或色块作背景，也利用射灯照明增强其展示效果。灯光的颜色的不同，投射的方向的变化，可以表现出工艺品不同特质。暖色灯光能表现柔美、温馨的感觉；玻璃、水晶制品选用冷色灯光，则更能体现晶莹剔透，纯净无瑕。

2 客厅摆放工艺品时要注意尺度和比例

随意地填充和堆砌，会产生没有条理、没有秩序的感觉，同时令客厅显得杂乱无章。所以要注意大小、高低、疏密、色彩的搭配。具体摆设时，色彩鲜艳的宜放在深色家具上；美丽的卵石、古雅的钱币，可装在浅盆里，放置低矮处，便于观全貌。

3 餐桌上的小摆件要自然耐看、不占空间

餐厅不仅是用餐的地方，还是我们享受生活的场所，几个精致的小摆件自然耐看，也不会占用太多空间，却能令空间更加生动活泼。例如，餐桌中央可摆放一个精致的水果碗，里面摆放几种水果，令餐厅果香四溢，充满自然情趣。

软装家具

软装饰品
Chapter 2

软装材质

软装色彩

不同人群的软装搭配

不同家居风格的软装搭配

4 卧室应摆放柔软、体量小的工艺品

卧室中最好摆放柔软、体量小的工艺品作为装饰，不适合在墙面上悬挂鹿头、牛头等兽类装饰，容易给半夜醒来的居住者带来惊吓；另外，卧室中也不适合摆放刀剑等利器装饰物，如位置摆放不宜，会带来一定的安全隐患。

5 书房工艺品最好体现出文化气息

书房中的工艺品应体现端丽、清雅的文化气质和风格。其中文房四宝和古玩能够很好地凸显书房韵味，这样的装饰品，蕴含着深厚的中国文化，同时也可表明主人对精致生活的追求和向往；在略显现代的书房中，可以加入抽象工艺品，来匹配书房的雅致风格。

6 陶瓷、塑料材质的工艺品在卫浴中备受欢迎

陶瓷、塑料是卫浴里最受欢迎的材料，色彩艳丽且不容易受到潮湿空气的影响，清洁方便。使用同一色系的陶瓷、塑料器皿，包括纸巾盒、肥皂盒、废物盒以及装杂物的小托盘，会让空间更有整体感。在不同风格的卫浴搭配不同的色彩，也是一种潮流。

一点就通的布置方法

软装家具

Chapter 2 软装饰品

软装材质

软装色彩

不同人群的软装搭配

不同家居风格的软装搭配

1 视觉中心宜摆放大型工艺品

不同种类的工艺品，在摆放陈列时，要特别注意将其摆放在适宜的位置，而且不宜过多过滥，只有摆放得当，恰到好处，才能获得良好的装饰效果。一些较大型的，反映设计主题的工艺品，应放在较为突出的视觉中心的位置，以收到鲜明的展示效果，使室内整个设计锦上添花。

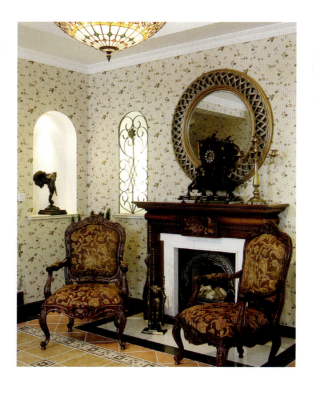

2 小型工艺品可成为视觉焦点

小型工艺品是最容易上手的布置单品，在开始进行空间装饰的时候，可以先从此着手进行布置。例如书架上除了书之外，可陈列一些小雕塑、玩具、花瓶等饰物，看起来既严肃又活泼。在书桌、案头也可摆放一些小艺术品，以增加生活气息。

装饰花艺 各种花卉的传神组合

软装快照

（1）装饰花艺是指将剪切下来的植物的枝、叶、花、果作为素材，经过一定的技术（修剪、整枝、弯曲等）和艺术加工，重新配置成一件精致完美、富有诗情画意，能再现大自然美和生活美的花卉艺术品。

（2）按照风格，插花可分为东方式插花和西方式插花两种，其中，东方插花又有中国插花和日本插花之分。

（3）花艺设计中的色彩调和就是要缓冲花材之间色彩的对立矛盾，在不同中求相同、通过不同色彩花材的相互配置，相邻花材的色彩能够和谐地联系起来，相互辉映，使插花作品成为一个整体而产生一种共同的色感。

（4）客厅的茶几、边桌、角几、电视柜、壁炉等地方都可以用花艺做装饰，在一些大物体的角落，如壁炉、沙发背几后也可以摆放，需要注意的是客厅茶几上的花艺不宜太高。餐桌上的花艺高度不宜过高，不要超过对坐人的视线，圆形的餐桌可以放在正中央，长方形的餐桌可以水平方向摆放。

花艺设计是一种传神的艺术创作

花艺设计不仅仅是单纯的各种花卉组合，还是一种传神、形色兼备、融生活艺术为一体的艺术创作活动。花艺设计包含了雕塑、绘画等造型艺术的所有基本特征，因此，花艺设计中的质感变化，是影响整个花艺设计的重要元素，一致的质感能够创造出协调、舒适的效果。想要通过质感的对比塑造出装饰设计中的亮点，需要充分地了解自然，毕竟花艺的基础是来源于大自然中的花草。

▲红彤彤的花朵与深色木纹的茶几搭配和谐，为客厅带来欢快的气息

▲香槟色的花朵与绿植相辅相成、相互衬托，轻松打造出客厅欢快的氛围

一看就懂的花艺分类

软装家具

Chapter 2 软装饰品

软装材质

软装色彩

不同人群的软装搭配

不同家居风格的软装搭配

1 中国插花

中国插花在风格上，强调自然的抒情、优美朴实的表现、淡雅明秀的色彩、简洁的造型。在中国花艺设计中把最长的那枝称作"使枝"。以"使枝"的参照，基本的花型可分为：直立型、倾斜型、平出型、平铺型和倒挂型。

2 日本插花

日本插花以花材用量少、选材简洁为主流，它或以花的盛开、含苞、待放代表事物过去、现在、将来。日本插花的流派众多，号称有三千流之多。草月流插花是日本近代新兴的插花流派，注重造型艺术，把无生命的东西赋予新的生命力，具有独创精神，是日本新潮流的代表。

3 西方插花

西方的花艺设计，总体注重花材外形，追求块面和群体的艺术魅力，色彩艳丽浓厚，花材种类多，用量大，追求繁盛的视觉效果，布置形式多为几何形式，一般以草本花卉为主。形式上注重几何构图，讲求浮沉型的造型，常见半球形、椭圆形、金字塔形和扇面形等。

一看就懂的插花器皿分类

1 陶瓷花器

陶器的品种极为丰富，或古朴或抽象，既可作为家居陈设，又可作为插花用的器皿。在装饰方法上，有浮雕、点彩、青花、叶络纹、釉下刷花、铁锈花和窑变黑釉等几十种之多，有的苍翠欲滴、明澈清润；有的色彩艳丽、层次分明。

2 玻璃花器

玻璃花器常见有拉花、刻花和模压等工艺，车料玻璃最为精美。由于玻璃器皿的颜色鲜艳，晶莹透亮，已成为现代家庭装饰品。

3 塑料花器

塑料花瓶是最为经济的花器，价格低廉，轻便且色彩丰富、造型多样。用途比较广泛，用于花艺设计有独到之处，可以与陶瓷器皿相媲美。

4 金属花器

金属花器是指由铜、铁、银、锡等金属材料制成的花器，具有豪华、敦厚的观感，根据制作工艺的不同能够反映出不同时代的特点。在东、西方的花艺中都是不可缺少的道具。

5 编织花器

编织花器包含藤、竹、草等材料制成的花器，具有朴实的质感，与花材搭配具有田园气氛，易于加工。形式多样，具有原野风情。

一学就会的搭配技巧

软装家具

Chapter 2 软装饰品

软装材质

软装色彩

不同人群的软装搭配

不同家居风格的软装搭配

1 插花的色调要突出

　　插花的用色，不仅是对自然的写实，而且是对自然景色的夸张升华。插花使用的色彩，首先要能够表达出插花人所要表现出的情趣，或鲜艳华美，或清淡素雅。其次，插花色彩要耐看：远看时进入视觉的是插花的总体色调，总体色调不突出，画面效果就弱，作品容易出现杂乱感，而且缺乏特色；近看插花时，要求色彩所表现出的内容个性突出，主次分明。

2 花卉与花卉之间的色彩要协调

　　两者之间可以用多种颜色来搭配，也可以用单种颜色，要求配合在一起的颜色能够协调。例如用腊梅花与象牙红两种花材合插，一个满枝金黄，另一个鲜红如血，色彩协调，以红花为主，黄花为辅，远远望去红花如火如荼，黄花星光点点，通过花枝向外辐射。

根据季节配置插花的方法

春天	春天里百花盛开，此时插花宜选择色彩鲜艳的材料，给人以轻松活泼、生机盎然的感受
夏天	夏天天气炎热，可以选用一些冷色调的花，给人以清凉舒适之感
秋天	秋天满目红彤彤的果实，遍野金灿灿的稻谷，此时插花可选用红、黄等明艳的花作主景
冬天	冬天的来临，伴随着寒风与冰霜，这时插花应以暖色调为主，给人以迎风破雪的勃勃生机之感

③ 注意花卉的重量感

花卉间的合理配置，还应注意色彩的重量感。色彩的重量感主要取决于明度，明度高者显得轻，明度低者显得重。正确运用色彩的重量感，可使色彩关系平衡和稳定。例如，在插花的上部用轻色，下部用重色，或者是体积小的花体用重色，体积大的花体用轻色。

④ 花卉和容器的配置需协调

花卉与容器的色彩两者之间要求协调，但并不要求一致，主要从两个方面进行配合：一是采用对比色组合；二是采用调和色组合。对比配色有明度对比、色相对比、冷暖对比等。运用调和色来处理花与器皿的关系，能使人产生轻松、舒适感。方法是采用色相相同而深浅不同的颜色处理花与器的色彩关系，也可采用同类色和近似色。

⑤ 插花的色彩要根据环境来配置

如在白底蓝纹的花瓶里，插入粉红色的二乔玉兰花，摆设在传统形式的红木家具上，古色古香，民族气氛浓郁。在环境色较深的情况下，插花色彩以选择淡雅为宜；环境色简洁明亮的，插花色彩可以用得浓郁鲜艳一些。

软装家具

Chapter 2

软装饰品

软装材质

软装色彩

不同人群的软装搭配

不同家居风格的软装搭配

6 客厅花艺设计

　　客厅是家庭节日布置的重点区域，不要选择太复杂的材料，花材持久性要高一点，不要太脆弱。可选花材有红色香石竹、红色月季、牡丹、红梅、红色非洲菊、百合、郁金香、玫瑰、红掌、兰花等。色彩以红色、酒红色、香槟色等为佳，尽可能用单一色系，味道以淡香或无香为佳。

7 书房花艺设计

　　书房是学习研究的场所，需要创造一种宁静幽雅的环境，因此，在小巧的花瓶中插置一二枝色淡形雅的花枝，或者单插几枚叶片、几枝野草，倍感幽雅别致，风铃草、霞草、洋桔梗、龙胆花、狗尾草、荷兰菊、紫苑、水仙花、小菊等花材均宜采用。

8 卧室花艺设计

　　卧室摆设的插花应有助于创造一种轻松的气氛，以便帮助人们尽快恢复一天的疲劳，插花的花材色彩不宜刺激性过强，宜选用色调柔和的淡雅花材。另外，在选择花朵的时候，还可以按照卧室内布艺饰品上的花纹和色彩来选择，使插花在装点卧室的同时还能够和其他装饰形成呼应。

绿植盆栽 天然的空气清新剂

（1）绿植因其耐阴性能强，可作为室内观赏植物在室内种植养护。在家居空间中摆放绿植不仅可以起到美化空间的作用，还能为家居环境带入新鲜的空气，塑造出一个绿色有氧空间。

（2）按照绿植的不同功效大致可分为：吸毒净化空气型、增加湿度不上火型、天然吸尘型、杀菌消毒保健康型、制造氧气和负离子型、驱逐蚊虫型。

（3）环境色调浓重，则植物色调应浅淡些。如南方常见的万年青，叶面绿白相间，在浓重的背景下显得非常柔和；环境色调淡雅，植物的选择性相对就广泛一些，叶色深绿、叶形硕大和小巧玲珑、色调柔和的都可兼用。

（4）室内摆放植物不要太多、太乱，不留空间。一般来说居室内绿化面积最多不得超过居室面积的10%，这样室内才有一种扩大感，否则会使人觉得压抑；植物的高度不宜超过2.3米。

根据植物的姿态确定摆放方式

在进行室内绿化装饰时，要依据各种植物的姿色形态，选择合适的摆设形式和位置，同时注意与其他配套的花盆、器具和饰物间搭配谐调。如悬垂花卉宜置于高台花架、柜橱或吊挂高处，让其自然悬垂；色彩斑斓的植物宜置于低矮的台架上，以便于欣赏其艳丽的色彩；直立、规则植物宜摆在视线集中的位置。

▲在以黑白灰为主色调的客厅里，搭配高低错落的绿植，令原本单调的空间充满活力

▲高大的盆栽绿植依墙角放置，既不占空间又活跃了空间的表情

一看就懂的绿植分类

软装家具

Chapter 2 软装饰品

软装材质

软装色彩

不同人群的软装搭配

不同家居风格的软装搭配

① 吸毒净化空气型

一些绿色植物可以有效地吸收由房屋装修而产生的有毒的化学物质，比如：吊兰、虎尾兰、一叶兰、龟背竹吸收甲醛的能力强；而金鱼草、牵牛花、石竹则能将毒性很强的二氧化硫转化为无毒或低毒性气体；铁树、菊花、石榴、山茶等能有效地减少二氧化硫、氯、一氧化碳等有害物质。

② 增加湿度不上火型

一般来说，室内的相对湿度不应低于30%，湿度过低或过高都会对人体健康产生不良影响。在室内种植一些对水分有高度要求的绿植，比如绿萝、常春藤、杜鹃、蕨类植物等，会使室内的温度以自然的方式增加，成为天然的加湿器。

③ 天然吸尘型

有研究显示，花叶芋、红背桂等是天然的除尘器，他们植株上的纤毛能截取并吸附空气中飘浮的微粒及烟尘。如果房间内有足够数量的此类植物，那么房间中的漂游微生物和浮尘的含量都会降低。

4 杀菌消毒保健康型

紫薇、茉莉、柠檬等植物的花和叶片，5分钟内就可以杀死白喉菌和痢疾菌等原生菌。蔷薇、石竹、铃兰、紫罗兰等植物散发的香味对结核菌、肺炎球菌、葡萄球菌的生长繁殖具有明显的抑制作用。

5 制造氧气和负离子型

大部分植物在白天都会通过光合作用释放氧气，尤其要指出的是仙人掌类多植物，其肉质茎上的气孔白天关闭，夜间打开，所以在白天释放二氧化碳，夜间则吸收二氧化碳，释放出氧气，这种植物可以养在卧室里，令空气更清新。

6 驱逐蚊虫型

夏天蚊虫出没，一盆赏心悦目又能驱赶蚊虫的绿植绝对是首选。驱蚊草茎、叶都含有挥发芳香油，有柠檬香味，驱蚊效果良好，对人畜无害，可驱避上百种蚊虫；艾蒿所产生的奇特芳香，不但可驱蚊蝇、虫蚁，还可以净化空气。

一学就会的搭配技巧

软装家具

Chapter 2 软装饰品

软装材质

软装色彩

不同人群的软装搭配

不同家居风格的软装搭配

1 书房摆放四季常绿植物可旺宅

常绿旺宅类植物主要是指四季常绿的植物，例如万年青、富贵竹、绿萝等。不管在什么时候总能给人以朝气蓬勃生机盎然的感觉，视觉上让人在这样的书房环境里工作学习，可以保持一种良好的精神状态，以同样蓬勃的状态工作学习，必然事半功倍。

2 卧室应选择有助于提升睡眠质量的植物

卧室追求雅洁、宁静舒适的气氛，内部放置植物，要助于提升休息与睡眠的质量。橡皮树可以帮助不经常开窗通风的卧室改善空气质量，具有消毒功能；富贵竹可以有效地吸收废气，使卧室的私密环境得到改善；而摆放君子兰、黄金葛、文竹、绿萝等植物，具有柔软感，能松弛神经，提高睡眠质量。

3 餐厅不宜摆放有刺激性气味的绿植

餐厅是人们就餐的地方，里面摆放的绿植以没有浓烈、特殊香味为好。例如，松柏类、玉丁香、接骨木等。松柏类分泌脂类物质、放出较浓的楹香油味，闻久了，会引起食欲下降、恶心。玉丁香发出的异味会引起人气喘烦闷。

一点就通的布置方法

① 陈列式

　　陈列式是室内绿化装饰最常用的装饰方式，包括点式、线式和片式三种。其中以点式最为常见，即将盆栽植物置于桌面、茶几、窗台及墙角，构成绿色视点。线式和片式是将一组盆栽植物摆放成一条线或组织成自由式、规则式的片状图形，起到组织室内空间的作用，或与家具结合，起到划分范围的作用。

② 攀附式

　　大厅和餐厅等室内某些区域需要分割时，采用带攀附植物隔离，或带某种条形或图案花纹的栅栏再附以攀附植物与攀附材料在形状、色彩等方面要协调。以使室内空间分割合理、协调，而且实用。

③ 吊挂式

　　在室内较大的空间内，结合天花板、灯具。在窗前、墙角、家具旁吊放有一定体量的阴生悬垂植物，可改善室内人工建筑的生硬线条，造成的枯燥单调感，营造生动活泼的空间立体美感，且"占天不占地"，可充分利用空间。

④ 壁挂式

壁挂式有挂壁悬垂法、挂壁摆设法、嵌壁法和开窗法。预先在墙上设置局部凹凸不平的墙面和壁洞，供放置盆栽植物；或在靠墙地面放置花盆，或砌种植槽，然后种上攀附植物，使其沿墙面生长，形成室内局部绿色的空间；或在墙壁上设立支架，在不占用地的情况下放置花盆，以丰富空间。

⑤ 栽植式

栽植式装饰方法多用于室内花园及室内大厅堂有充分空间的场所。栽植时，多采用自然式，即平面聚散相依、疏密有致，并使乔灌木及草本植物和地被植物组成层次，注重姿态、色彩的协调搭配；同时考虑与山石、水景组合成景，模拟大自然的景观，给人以回归大自然的美感。

⑥ 迷你型

迷你型装饰方式的基本形态源自插花手法，利用迷你型观叶植物配植在不同容器内，摆置或悬吊在室内适宜的场所。在布置时，要考虑室内观叶植物如何与生活空间内的环境、家具、日常用品等相搭配，使装饰植物材料与其环境、生态等因素高度统一。

软装家具

软装饰品

Chapter 2

软装材质

软装色彩

不同人群的软装搭配

不同家居风格的软装搭配

Chapter **3**

软装材质

天然材质与人工材质

冷材质与暖材质

天然材质与人工材质

清新与现代

软装快照

（1）相对于人工合成的材料而言。自然界原来就有未经合成或基本不加工就可直接使用的材料。如大理石、花岗岩、木材、籐竹、蚕丝、草、亚麻、羊毛、皮革、黏土等。

（2）相对于"天然材料"而言。自然界以化合物形式存在的、不能直接使用的，或者自然界不存在的，需要经过人为加工或合成后才能使用的材料为人工材质。如金属材料、玻璃、人造织物、塑料等。

（3）一般来说，木制产品给人一种敦实、厚重的感觉，多运用木制品，会让空间增加许多沉稳感；金属制品表面光泽度高，色泽单一，所以造型往往很简约，容易给人以强烈的现代感；人造织物的材质给人以舒适、柔软之感，适量运用布艺，可使空间增添温馨氛围。玻璃给人以通透、清爽的感觉，可让空间变得明朗和清新。

自然材质朴素雅致、人工材质色彩丰富

自然材质色彩细腻、单一物体的色彩变化丰富，多数具有朴素、雅致的格调，但缺乏艳丽感；而人工材质比较单薄，单一物体上的色彩比较平均，但色彩的可选范围广泛，无论素雅还是艳丽，均能够得到满足。通常，室内的软装饰是通过两种材质的结合来表现的。

▲淡紫色的皮革座椅与浅色木纹的桌子搭配，令空间更加雅致

▲藤竹的家具给人一种悠然自得的惬意感。坐在上面品茶看风景，别有一番韵味

一看就懂的天然软装材质分类

软装家具

软装饰品

Chapter 3 软装材质

软装色彩

不同人群的软装搭配

不同家居风格的软装搭配

1 实木家具

　　实木家具是指由天然木材制成的家具，家具表面一般都能看到木材真正的纹理，朴实和沉稳，偶有树结的表面也体现出清新自然的材质，既天然，又无化学污染，实木家具不仅时尚而且健康，是现代都市人崇尚大自然的首选家具。由于表面颜色的不同，实木家具可用于多种风格，其中中式风格运用得最多。

2 大理石家具

　　每一块天然大理石都具有独一无二的天然图案和色彩。优质大理石家具会选用整块的石材原料，进行不同部位的用料配比。主要部位会有大面积的天然纹路，而边角料会用在椅背、柱头等部位作点缀。做成家具后古朴典雅、雍容华贵，非常适合用在欧式风格和新中式风格中。

3 皮革家具

　　皮革是经脱毛和鞣制等物理、化学加工所得到的已经变性不易腐烂的动物皮。革是由天然蛋白质纤维在三维空间紧密编织构成的，其表面有一种特殊的粒面层，具有自然的粒理和光泽，手感舒适。用皮革做成的家具柔软舒适、颜色多样、具有温暖的触感，古典风格和现代风格中都可以使用。

4 藤制品

藤材编织的材料、手工及技术来源均以东南亚地区为主，使藤制品充满古老风情，较不具现代化风格。例如藤制家具可以令人们远离城市喧嚣，感受大自然的质朴与温馨，富有泥土气息的小藤条做成的装饰品，令居室更加随意自然。

5 亚麻纺织品

亚麻的纤维以其天然、古朴、稀有、色彩自然高贵被誉为天然纤维中的纤维皇后。亚麻的功能近似于人体皮肤，有调节温度、保护肌肤、杀毒抗菌等天然功能。它是比较环保自然的。我们一般夏天实用的凉席坐垫就是植物纤维的，冰而不凉，吸汗透气；工艺精细，韧度好，不易断裂。

6 羊毛地毯

羊毛，即羊身上的毛，它是人类在纺织上最早利用的天然纤维之一。羊毛地毯的手感柔和、弹性好、色泽鲜艳且质地厚实、抗静电性能好、不易老化褪色，有较好的吸声能力，可以降低各种噪声。由于羊毛地毯价格偏高，容易发霉或被虫蛀，家庭使用一般选用小块羊毛地毯进行局部铺设。

一看就懂的人工软装材质分类

软装家具

软装饰品

Chapter 3 软装材质

软装色彩

不同人群的软装搭配

不同家居风格的软装搭配

1 金属家具

凡以金属管材、板材或棍材等作为主架构，配以木材、各类人造板、玻璃、石材等制造的家具和完全由金属材料制作的铁艺家具，统称金属家具。金属家具可以很好地营造家庭中不同房间所需要的不同氛围，也更能使家居风格多元化和更富有现代气息。

2 玻璃家具

玻璃家具一般采用高硬度的强化玻璃和金属框架，玻璃的透明清晰度高出普通玻璃的4~5倍。高硬度强化玻璃坚固耐用，能承受常规的磕、碰、击、压的力度，完全能承受和木制家具一样的重量。玻璃家具独特的通透性，能减少空间的压迫感，令空间更具时尚感和艺术性。

3 塑料制品

塑料是一种新性能的产品。它造型多样、色彩绚烂、线条流畅、轻便小巧、拿取方便，可广泛用于餐台、餐椅、储物柜、衣架、鞋架、花架、儿童椅子、装饰品等方面。另外，塑料家具可直接水洗，简单方便，容易保护。对室内温度、湿度的要求比较低，可适用于各种环境。

人工软装材质赏析

▲人工软装材质色彩鲜艳、造型多样

天然软装材质赏析

▲天然材质古朴雅致、贴近自然

天然材料更具亲和感

天然材质一般不适宜作为大批量产品的材料使用，而多用手工艺品。但是天然材料是与人及自然最为调和的材料，用它们制作的产品具有高雅质朴的品格，与人之间最具亲和感，是最受用的材料之一，尤其是天然的有机材料。常将它们做成加工材料，以改善性能、纯度，减少地域性的偏差，以及形状与数量的限制。

人造石材结构致密、容易清洗

人造石板材是用非天然的混合物制成的，如树脂、水泥、玻璃珠、铝石粉等加碎石黏合剂。与天然石材相比，人造石色彩艳丽、光洁度高、颜色均匀一致，抗压耐磨、韧性好、结构致密、克服了天然石材的孔洞和放射性。可用于各类家具的台面、卫浴、艺术品等方面。

▲ 人工材质与天然材质的碰撞，为居室带来多彩的视觉感受

软装家具

软装饰品

Chapter 3 软装材质

软装色彩

不同人群的软装搭配

不同家居风格的软装搭配

冷材质与暖材 凉爽与温馨

软装快照

（1）材质可分为冷材质和暖材质两种，相同的颜色放在不同质感的材质上，会呈现出差异。玻璃、金属给人冰冷的感觉，被称为冷材质；织物、皮草、地毯等具有保温效果，使人感觉温暖，被称为暖材质。木材、藤、草等介于冷暖之间，比较中性。

（2）软装材质的冷暖可以根据四季的不同而进行改变，例如：夏季气候炎热，可以多用金属、玻璃、石材等冷材质，令人心旷神怡；冬季则最好多用冷材质和中性材质，布艺织物能令人感到人文的温暖，藤、竹等中性材质的工艺品能令人感受到大自然的温暖。

材质的冷暖改变色彩的感觉

当暖色附着冷材质上时，暖色的温暖感就会减弱；反之，冷色附着在暖材质上时，冷色的冷硬感也会减弱。例如：橙色的玻璃花瓶要比同色的织物感觉冷一些；蓝色的织物则比蓝色的金属感觉要暖一些。

▲冷色调以床品和地毯表现出来，冷色便有所降低，令人不会感觉很冰冷

▲暖色调的大理石电视背景墙，令人感觉温馨舒适，不会感觉太过冰冷

一学就会的搭配技巧

软装家具

软装饰品

Chapter 3 软装材质

软装色彩

不同人群的软装搭配

不同家居风格的软装搭配

1 夏季软装宜选冷材质

夏日家居软装要的便是透气、凉爽，因此宜选择冷材质。轻薄透气的纱制品，棉麻制品，和凉爽的藤竹制品受到广泛欢迎，工艺品可选择铁艺、玻璃、石材等能给人带来冰凉触觉的材质。

2 冬季宜选暖材质

冬季气候寒冷干燥，宜选用触感柔软且温暖的羊毛、棉、针织等暖材质，来赶走冬日的严寒。另外工艺品也避免选用金属、玻璃等冰冷的材质，可以搭配天然的木、籐、竹等质朴的材质，令居室更显温馨。

3 中性材质令居室更温馨

中性材质很多取自自然，与人更为亲近，空间中采用暖色的中性材质较多时，可以令氛围更加温馨、舒适。例如，书房是读书写字或工作的地方，需要宁静、沉稳的感觉，人在其中才不会心浮气躁。书房采用大量的木制品和藤竹制品时，可突显书房的雅静，令人读书更专心；而卧室采用暖色调的中性材质可以帮助睡眠。

4 大理石家具为夏季带来凉爽感

大理石家具因其特殊的质感和沁凉的质地，色泽自然，品种多样，做成家具后古朴典雅、雍容华贵，成为不少家庭的最爱。尤其是在炎热的夏天，大理石家具能给家居带来非同一般的沁凉感，令人心旷神怡。

5 布艺织物为冬季带来温暖

冬季夹杂着瑟瑟寒风，软装饰品应该选用能营造暖意氛围的材质和家居饰品，例如，温馨的布艺沙发、柔软的羊绒盖毯、质地厚实的窗帘等布艺织物，都能为寒冷的冬季带来温暖的气息。

▲冷色调的布艺沙发非常适合夏季使用，强烈的视觉冲击力让屋子里的氛围变得轻盈舒爽

冷材质软装赏析

▲玻璃、金属等有冰冷触感的材质为冷材质

▲藤、木、塑料等材质介于冷暖之间，为中性材质

暖材质软装赏析

▲织物、地毯等有保暖效果，为暖材质

▲同为橙色、布艺床品要比玻璃暖

软装家具

软装饰品

Chapter 3 软装材质

软装色彩

不同人群的软装搭配

不同家居风格的软装搭配

Chapter **4**

软装色彩

软装色彩的情感意义

软装色彩的四种角色

软装色彩的搭配类型

不理想软装色彩的调整方法

软装色彩的情感意义

不同色彩带给人不同感受

软装快照

（1）红色：红色象征活力、健康、热情、朝气、欢乐。但是大面积使用纯正的红色容易使人产生急躁、不安的情绪。因此比较适合单个饰品或家具中使用。

（2）黄色：黄色给人轻快、充满希望和活力的感觉。它还有促进食欲和刺激灵感的作用，可以尝试在餐厅装饰画或书房饰品中使用。

（3）蓝色：纯净的蓝色表现出美丽、冷静、理智、安详与广阔的感觉，适合用在卧室、书房、工作间和压力大的人的房间中小面积使用。

（4）橙色：橙色能够激发人们的活力、喜悦、创造性，适用于餐厅、厨房、娱乐室作为点缀装饰。

（5）绿色：绿色代表着希望、安全、平静、舒适、和平、自然、生机，能够使人感到轻松、安宁。夏季用在布艺软装中可以令人感觉凉爽舒适。

（6）紫色：紫色具有高贵、神秘感和浪漫气息，可用于单身女性的房间。

1 红色

红色是三原色之一，对比色是绿色，互补色是青色。

红色象征活力、健康、热情、朝气、欢乐。给人一种迫近感，能够引发兴奋、激动的情绪。大面积使用纯正的红色容易使人产生急躁、不安的情绪。因此在进行软装搭配时，纯正的红色可作为重点色少量地使用，会令空间显得富有创意。

② 黄色

黄色是三原色之一，对比色是紫色，互补色是蓝色，但在绘画中通常将紫色作为其补色。

黄色给人轻快、充满希望和活力的感觉，能够让人联想到太阳，使空间具有明亮、开放感，采光差、阴暗的房间使用黄色是不错的选择。它还有促进食欲和刺激灵感的作用，可以尝试在餐厅装饰画或书房饰品中使用。需要注意的是，鲜艳的黄色过大面积地使用，容易给人苦闷、压抑的感觉，所以适合小面积作点缀使用。

③ 蓝色

蓝色是三原色之一，对比色是橙色，互补色是黄色。它是最冷的色彩，代表着纯净，通常让人联想到海洋、天空、水、宇宙。

纯净的蓝色表现出一种美丽、冷静、理智、安详与广阔，适合用在卧室、书房、工作间和压力大的人的房间中。在卧室中使用时，可以搭配一些跳跃的色彩，来避免产生过于冷清的氛围。用在浴室中可以使人感觉轻松，压力减轻。蓝色是后退色，能够使房间显得更为宽敞，小房间和狭窄的房间使用能够弱化户型的缺陷。

软装家具

软装饰品

软装材质

Chapter 4 软装色彩

不同人群的软装搭配

不同家居风格的软装搭配

4 橙色

橙色对比色是蓝色，互补色是靛色。它是红色和黄色的复合色，又称橘黄或橘色，兼备红色的热情和黄色的明亮，是暖色系中最温暖的颜色。

它能够使人联想到金色的秋天，丰硕的果实，是一种富足、快乐而幸福的颜色。橙色能够激发人们的活力、喜悦、创造性，适用于餐厅、厨房、娱乐室，用在采光差的空间能够弥补光照的不足。需要注意的是，尽量避免在卧室和书房中过多地使用纯正的橙色，会使人感觉过于刺激，可降低其纯度和明度后作为装饰画或工艺品使用。

5 绿色

绿色对比色是红色，互补色是品红色。它是黄色和蓝色的复合色，是大自然界中常见的颜色。能够让人联想到森林和自然，它代表着希望、安全、平静、自然，能够使人感到轻松、安宁。

绿色属于中性色，加入黄色多则偏暖，加入蓝色多则偏冷。若单独地使用绿色，会显得缺乏情趣，可以将绿色作为装饰的主色，以红色、粉红色、黄色等颜色的装饰品作点缀，能够形成鲜明的对比感，显得活跃，生机感更强烈，这种搭配方法比较适合现代风格或是田园风格。

6 紫色

　　紫色对比色是黄色，互补色是黄绿色。它是蓝色和红色的复合色，与绿色一样，同属于中性色，蓝色多一些则偏冷，红色多一些则偏暖。

　　在中国古代，紫色代表着高贵，是贵族和皇族才能使用的颜色。它具有高贵、神秘感，略带忧郁感，代表权威、声望，也象征着永恒，具有使人精神高涨、提高自尊心的效果。紫色还是浪漫的象征，紫色系中淡雅的藕荷色、紫红色等具有女性特点，可用来表现单身女性的空间。沉稳的紫色能够促进睡眠，适合用在卧室的布艺软装中使用。

明度和纯度对色彩情感的影响

　　色相、明度、纯度、色调是色彩的几个基本元素，其中明度和纯度能够影响色彩的情感表现。例如，明亮的红色热烈，暗沉的红色厚重、古典。色调指色彩的浓淡、强弱程度。例如：淡雅的色调柔软、清新；明亮的色调活泼、轻快；暗色调沉稳、高雅。所以搭配软装时可以根据软装风格的不同选择不同明度和纯度的软装饰品，如：现代风格就比较适合高明度、高纯度的软装饰品，塑造出潮流、时尚的效果；而古典风格就比较适合低明度的软装饰品，打造出古典的韵味。

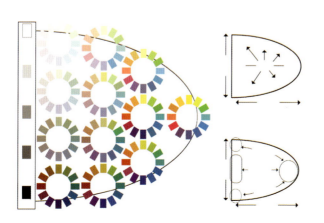

软装家具
软装饰品
软装材质
Chapter 4 软装色彩
不同人群的软装搭配
不同家居风格的软装搭配

软装色彩的四种角色

组成空间色彩的四要素

软装快照

（1）背景色：室内空间中占据较大面积部位的色彩，如吊顶、墙面、地面等的用色。因为面积大，所以引领了整个空间的基本格调，起到奠定空间基本风格和色彩印象的作用。

（2）主角色：占据空间中心区域的色彩，多数情况下由大型家居或一些室内陈设、软装饰等构成的中等面积色块，具有重要地位。

（3）配角色：通常用在主角色旁边或成组的位置上，如成组沙发中的一个或两个，抑或是沙发旁的矮几、茶几，卧室中的床头柜等的用色。

（4）点缀色：室内空间中体积小、可移动、易于更换的物体的颜色，如沙发靠垫、台灯、织物、装饰品、花卉等的用色。

四种角色搭配出空间色彩

　　室内空间中的色彩，包括了墙、天花、家具、饰品等的色彩，这些色彩就像电影中的人物一样，有着自己的身份角色，当我们正确把握这些色彩的角色时，才能进行有效的色彩搭配设计。最基本的色彩角色有四种，是搭配出完美空间色彩的基础之一。

▲欢快的色彩可以用作重点色，搭配其他柔和的背景色，能够使空间显得明快、愉悦

▲淡雅的背景色显得柔和、温润，给人舒适、放松的感觉，适合大面积使用

一看就懂的背景色

1 背景色的意义

　　背景色就是空间中充当背景的颜色，不限定于一种颜色，一般均为大面积的颜色，用于如天花、地板、墙面等位置。背景色因为面积较大，因此多采用柔和的色调，浓烈或暗沉的色调不宜大面积使用，可用在重点墙面，否则易给人不舒服的感觉。

2 背景色奠定空间基调

　　在同一空间中，家具的颜色保持不变，只需更换背景色，就能改变空间的整体色彩感觉。例如，同样白色的家具，蓝色背景显得清爽，而黄色背景则显得活跃。在顶、墙、地所有的背景色界面中，因为墙面占据人的水平视线部分，往往是最引人注意的地方，因此，改变墙面色彩是最为直接的改变色彩感觉的方式。

一看就懂的主角色

1 主角色的意义

　　主角色通常用在空间中的大型家具、陈设或大面积的织物上，如沙发、屏风、窗帘等。它们是空间中的主要部分、视觉的中心，其风格可引导整个空间的风格走向。

软装家具

软装饰品

软装材质

Chapter 4　软装色彩

不同人群的软装搭配

不同家居风格的软装搭配

② 主角色的选用方法

一个空间的配色通常从主要位置的主角色开始进行。例如，选定客厅的沙发为橙色，然后根据风格进行墙面色即背景色的确立，再继续搭配配角色和点缀色，这样的方式主体突出，不易产生混乱感，操作起来比较简单。主角色的组合中，根据面积或色彩也有主次的划分，通常建议在大面积的部分采用柔和的色彩。

*T*IPS:
主角色的搭配技巧

主角色的选择可以根据情况分成两种：要想获得具有活跃、鲜明的视觉效果，选择与背景色或配角色为对比的色彩；若想获得稳重、协调的效果，则选择与背景色或配角色类似，或同色相不同明度或纯度的色彩。

③ 不同家居空间主角色有所不同

不同空间的主角色有所不同。例如，客厅中的主角色往往用于沙发，但如果同组沙发采用了不同色彩，则占据中心位置的是茶几。餐厅中的主角色可以用于餐桌也可以用于餐椅，而卧室中的主角色绝对用于床。

一看就懂的配角色

① 配角色的意义

配角色与主角色，是空间的"基本色"。配角色主要起到烘托及凸显主角色的作用，它们通常是地位次于主角色的陈设，如沙发组中的脚蹬或单人沙发、角几、卧室中的床头柜等。配角色的搭配能够使空间产生动感，变得活跃，通常与主角色的色彩有一定的差异。

软装家具

软装饰品

软装材质

Chapter 4　软装色彩

不同人群的软装搭配

不同家居风格的软装搭配

② 配角色衬托家居配色中的主角色

配角色的存在，通常可以让空间显得更为生动，能够增添活力。因此，配角色通常与主角色存在一些差异，以凸显主角色。配角色与主角色呈现对比，则显得主角色更为鲜明、突出，若与主角色临近，则会使空间显得松弛。如客厅中组合沙发为主角色，可搭配一个色彩鲜艳的单人座椅作为配角色，可以活跃空间基调。

一看就懂的点缀色

① 点缀色的意义

点缀色指空间中一些小的配件及陈设用色，如花瓶、摆件、灯具、靠枕、盆栽等，它们能够打破大面积色彩的单一性，起到调节氛围、丰富层次感的作用。

② 点缀色是家居配色生动的点睛之笔

点缀色通常是用来打破配色的单调感，在进行色彩选择时通常选择与所依靠的主体具有对比感的色彩，来制造生动的视觉效果。若主体氛围足够活跃，为追求稳定感，点缀色也可与主体颜色相近。对于点缀色来说，它的背景色就是它所依靠的主体。例如，沙发靠垫的背景色就是沙发，装饰画的背景就是墙壁。

软装色彩的搭配类型

色相的组合搭配

（1）根据色相环的位置，色相型大致可以分为四种，即同相、类似型（相近位置的色相），三角、四角型（位置成三角或四角形的色相），对决、准对决型（位置相对或邻近相对），全相型（涵盖各个位置色相的配色）。

（2）在一个空间中，通常会采用两至三种色相进行配色，仅单一色相的情况非常少，多色相的配色方式能够更准确地塑造氛围，尤其是客厅宜用多色搭配营造出欢快的基调。

（3）将色相环上距离远的色相进行组合，对比强烈，效果明快而有活力；比如客厅沙发以红色为主色，则可搭配绿色的工艺品，以达到强烈的视觉冲击力。相近的色相进行组合，效果比较沉稳、内敛，比较适合卧室或书房的软装搭配。

色相型的软装构成

在一个居室的软装配色方面，面积较大的色彩可以分为主角色、配角色及背景色三种，它们的色相组合以及位置关系决定了整个空间的色相型。可以说，空间的色相型是由以上三个因素之间的色相关系决定的。色相型的决定通常以主角色作为中心，确定其他配色的色相，也可以用背景色作为配色基础。

▲深茶色的沙发搭配蓝色、紫色、橘红色的靠垫，避免了沉闷，活跃了气氛

▲白色的沙发上搭配鲜艳的色彩靠垫，不再苍白、单调，活泼又不显凌乱

一看就懂的色相类型

1 同相型

同相型指同一色相不同纯度、明度色彩之间的搭配，这种搭配方式比较保守，具有执着感，能够形成稳重、平静的效果，相对来说，也比较单调。

2 类似型

类似型指近似色相之间的搭配，比同相型要活泼一些，同样具有稳重、平静的效果，在24色相环上看，4份内的色相都属于类似型，若同为暖色或冷色，8份的差距也可视为类似型。

3 三角型

最典型的三角型配色就是12色相环上的三原色配色，也就是红色、黄色、蓝色互相搭配，效果最为强烈，其他色彩搭配构成的三角型配色效果会温和一些。

软装家具

软装饰品

软装材质

Chapter 4 软装色彩

不同人群的软装搭配

不同家居风格的软装搭配

4 四角型

将两组互补色交叉组合所得到的配色类型就是四角型配色，此种配色效果醒目、紧凑。互补色本来就是最引人注目的搭配，再加上另一组互补色，所得出的四角型便成为了视觉冲击力最强的一种配色方式。

5 对决型

对决型配色指将色相环上位于180°相对位置上互为互补色的两种颜色进行搭配的方式。它能够营造出健康、活跃、华丽的氛围，接近纯色调的对决型配色，则具有强烈的冲击力，非常刺激。

6 准对决型

接近对决型的配色就是准对决型，如：红色和绿色搭配为对决型，而红色和蓝色搭配就是准对决型。可以理解为一种色彩与其互补色的邻近色搭配。准对决型配色的效果比对决型要缓和一些，兼有对立和平衡的效果。

软装家具

软装饰品

软装材质

Chapter 4　软装色彩

不同人群的软装搭配

不同家居风格的软装搭配

① 对决型与准对决型配色的技巧

对决型配色不建议在家庭空间中大面积地使用，对比过于激烈，长时间会让人产生烦躁感和不安的情绪，若使用则应适当降低纯度，避免过度刺激；准对决型比对决型配色要略为温和一些，可以作为主角色或者配角色使用，若作为背景色则不宜等比例或大面积使用。

② 三角型配色的优势

三角型配色是位于对决型和全相型之间的类型，兼具了两者的长处，视觉效果引人注目而又不乏温和和亲切感。三角型的配色方式比之前几种配色方式视觉效果更为平衡，不会产生偏斜感。

③ 全相型配色易塑造出五彩缤纷的效果

全相型配色涵盖的色彩范围比较广泛，易塑造出自然界中五彩缤纷的视觉效果，充满活力和节日气氛，最能够活跃空间的氛围，如果觉得居室过于呆板，可以搭配一些全相型的装饰，如靠垫等。另外，全相型配色在家居中的运用多出现在配饰上以及儿童房。

不理想软装色彩的调整方法

拯救色彩失衡的技巧

软装快照

（1）空间配色并不是越多越好，而是要掌握一定的比例，避免杂乱感。

（2）调整色彩设计可以通过突出主角色以及整体融合两种方式进行调整，前者适用于主角色不突出的情况，后者适合室内色彩过于混乱的情况。

（3）家居空间的配色并不是一成不变的，各个空间都有其特殊的功能，在配色设计时要根据空间特点进行合理选择。

家居配色应避免混乱

多种色相的搭配能够使空间看起来活泼并具有节日氛围，但若搭配不恰当，活力过强，反而会破坏整体配色效果，造成混乱感。将色相、明度和纯度的差异缩小，就能够避免混乱的现象。除了控制色彩的三种属性外，还可以控制色彩的主次位置来避免混乱，要注意控制配角色的占有比例，以强化主角色，主题就会显得更加突出，而不至于主次不清显得混乱。

▲紫色沙发明度和纯度都很高，主角色突出。抱枕和饰品搭配同类型的红色系，整体效果稳定

▲整个空间以白色调为主角色，搭配颜色鲜艳的抱枕作为点缀色使用，为空间增添了活力

一学就会的搭配技巧

软装家具

软装饰品

软装材质

Chapter 4 软装色彩

不同人群的软装搭配

不同家居风格的软装搭配

① 提高主角色的纯度

突出主角色最直接的方式是调整主角色，可以提高主角色的纯度。此方式是使主角色变得明确的最有效方式，当主角色变得鲜艳，在视觉中就会变得强势，自然会占据主体地位。最简便的方法便是更换布艺织物，比如换纯度高的沙发套，为餐桌搭配色彩鲜艳的桌旗或桌布等。

| 主角色 | 配角色 | 背景色 | | 主角色 | 配角色 | 背景色 |

▲主角色的纯度低，与背景色差距小，存在感很弱，使人感觉单调、不稳定

▲提高主角色的纯度，变得引人注目，成为了所有配色的主角，形成了层次感，稳定、安心

② 增强主角色与背景色的明度差

明度差就是色彩的明暗差距，明度最高的是白色，最低的是黑色，色彩的明暗差距越大，视觉效果越强烈。如果主角色与背景色的明度差较小，可以通过增强明度差的方式，来使主角色的主体地位更加突出。可以降低背景色的明度，比如换深色的地毯，降低墙面的颜色等。

▲主角色与背景色的明度差小，主角色看着不突出，存在感很弱

▲调高主角色的明度值后，主角色与背景色的明度差拉大，主角色突出，存在感明显

③ 增强色相型

增强色相型就是增大主角色与背景色或配角色之间的色相差距，使主角色的地位更突出。所有的色相型中，按照效果的强弱来排列，则同相型最弱，全相型最强。若室内配色为同相型，则可增强为后面的任意一种。最简单的方法便是选择色相差距较大的工艺品作为点缀色。比如沙发是黄色的，可以摆放一些绿色或是蓝色的茶几，或是选择色相差异较大的地毯。

| 同相型 | 类似型 | 准对决型 | 对决型 | 三角型 | 四角型 | 全相型 |

| 主角色 | 配角色 | 背景色 | | 主角色 | 配角色 | 背景色 |

▲主角色与背景色为类似型配色，差距小，主角色的地位不是很突出，效果内敛、低调

▲主角色不变，将背景色变换为与主角色为对决型配色的蓝色，则效果变得强烈起来，主角色的主体地位更突出

④ 增加点缀色

若不想对空间做大动作的改变，可以为主角色增加一些点缀色来明确其主体地位，改变空间配色的层次感和氛围。这种方式没有对空间面积的要求，大空间和小空间都可以使用，是最为经济、迅速的一种改变方式。例如客厅中的沙发颜色较朴素，与其他配色相比不够突出，就可以选择几个彩色的靠垫放在上面，通过点缀色增加其注目性，来达到突出主角地位的目的。

TIPS:
点缀色的应用技巧

点缀色的面积不宜过大，如果超过一定面积，容易变为配角色，改变空间中原有配色的色相型，破坏整体感。增加的点缀色还应结合整体氛围进行选择，如果追求淡雅、平和的效果，就需要避免增加艳丽的点缀色。

⑤ 抑制配角色或背景色

抑制配角色或背景色指不改变主角色，通过改变配角色或背景色的明度、纯度、色相等方式，来使主角色的地位更突出。一般可以通过降低墙面的色彩和使用暗色系的地毯来突出家具的主体地位。

主角色	配角色	背景色

▲与主角色相比，背景色的纯度过高，在空间中，大面积的纯色会最先引人注目，削弱主角色的主体地位

主角色	配角色	背景色

▲降低背景色的纯度，黄色的主角地位更为突出，整体效果稳定、安心

主角色	配角色	背景色

▲配角色的纯度高于主角色，更引人注目

主角色	配角色	背景色

▲降低配角色纯度，整体氛围不变，主角色地位更突出

▲与主角色相比，背景色和配角色都过于强势，使得主角的地位被压制，造成主次层次不稳

▲调整背景色与配角色的纯度，整体氛围不变，主角色对其他配色形成压制，地位最显著，给人安心感

一学就会的整体融合技巧

① 靠近色彩的明度

在相同数量的色彩情况下，明度靠近的搭配要比明度差大的一种要更加安稳、柔和。这种方式可以在不改变原有氛围及色相搭配类型的情况下的一种融合方式。反之，如果一组色彩的明度差非常小，给人感觉很乏味，则可以在明度不变的情况下，改变色相型的类型，在稳定中增添层次感，不会破换原有氛围。

▲主角色与背景色之间的明度差距大，突出主角色的同时带有一些尖锐的感觉

▲调节背景色的明度值，与主角色靠近，整体色相不变的情况下，变得稳重、柔和

▲色彩组合的色相及明度类似，虽然非常平稳但感觉略为单调、沉闷

▲明度不变的情况下，增强色相型，仍然具有柔和的效果，但层次感变得丰富，且没有刺激感

② 靠近色调

相同的色调给人同样的感觉，例如淡雅的色调柔和、甜美，浓色调给人沉稳、内敛的感觉等。因此不管采用什么色相，只要采用相同的色调进行搭配，就能够融合、统一，塑造柔和的视觉效果。另外在调整色调进行融合时，注意要避免单调感，可以保留主角色的色调，将其他角色的色调靠近，这样既能够凸显主角色，又不会过于单调。

▲组合中包括了各种色调，以给人混乱、不稳定的感觉

▲将配角色和背景色调整为靠近色调，效果稳定、融合

▲统一为淡色调，非常稳定，但是没有变化，主角色不够突出

▲改变成两种色调搭配，变得有层次感，且主角色非常突出，融合又具有动感

软装家具

软装饰品

软装材质

Chapter 4 软装色彩

不同人群的软装搭配

不同家居风格的软装搭配

③ 添加类似色

这种方式适用于室内色彩过少，且对比过于强烈，使人感到尖锐、不舒服的情况。选取室内的两种角色，通常建议为主角色及配角色，一般都为室内的主体家具颜色，如沙发、床、餐桌、书桌柜等。添加或与前面任意角色为同类型或类似型的色彩，就可以在不改变整体感觉的同时，减弱对比和尖锐感，实现融合。

▲添加橘黄色的类似色后，对比有所减小、变得稳定、融合

▲改为添加蓝色的类似色后，仍然具有融合的效果

▲同时添加两种色彩的类似色后，减弱对比的同时，层次变得更为丰富

▲同时添加两种色彩的类似色及同类色后，效果变得更为融合，丰富且稳定

▲黄色和蓝色的沙发对比过于强烈，但是加入红色和天蓝色的抱枕后，客厅的色彩就显得更为融合

▲大面积的蓝色与红色的对比色运用，令餐厅视觉冲击力过于强烈，而加入绿色和浅蓝色的工艺品后，整个空间的颜色显得丰富多彩

④ 重复形成融合

　　同一种色彩重复的出现在室内的不同位置上，就是重复性融合，当一种色彩单独用在一个位置与周围色彩没有联系时，就会给人很孤立不融合的感觉，这时候将这种色彩同时用在其他几个位置，色彩重复出现时，就能够互相呼应，形成整体感。

⑤ 群化形成融合

　　群化就是指将临近物体的色彩选择色相、明度、纯度等某一个属性进行共同化，塑造出统一的效果。群化可以使室内的多种颜色形成独特的平衡感，同时仍然保留着丰富的层次感，但不会显得杂乱无序。

▲冷色和暖色间隔排列，非常活泼，但容易给人混乱、不统一的感觉

▲按照冷暖色群化，仍然具有活泼感，同时具有了秩序感，不会让人感觉混乱

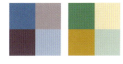

▲感觉混乱、没有融合感

▲按照纯度群化具有融合感

▲感觉混乱、没有融合感

▲按照冷暖分组具有融合感

软装家具

软装饰品

软装材质

软装色彩 Chapter 4

不同人群的软装搭配

不同家居风格的软装搭配

Chapter **5**

不同人群的软装搭配

单身男性的软装搭配

单身女性的软装搭配

新婚夫妇的软装搭配

儿童房的软装搭配

单身男性的软装搭配 厚重、坚实

（1）单身男性的家具通常可以选用粗犷的木质家具，同时收纳功能要方便、直接。这样能帮助单身男性更好地收纳整理。

（2）家居饰品以雕塑、金属装饰品、抽象画为主，体现理性主义的个性。

（3）单身男性的软装代表色彩通常是具有厚重感的或者冷峻的色彩，冷峻的色彩以冷色系以及黑、灰等无色系色彩为主，低明度和纯度；厚重的色彩能够表现出力量感，以暗色调及浊色调为主。

（4）家居装饰的形状图案以几何造型、简练的直线条为主。

单身男性居住空间中的常见家具

1 造型简单、具有质感的家具

单身男士的家具造型简单，可以令他们从简单中能获得轻松感；而棱角分明加上稳重的色彩组合，可以显示他们的与众不同。例如，沙发可以选择黑色皮质，或是灰色布纹材质，可以从简单中体现个性。

2 收纳功能简单明了的家具

对于不擅长整理的单身男士来说，衣柜收纳的重点是方便、直接，最好划分区域，这样可以方便衣物分门别类。而书房则需要储藏功能强大，方便拿取和办公使用。

单身男性居住空间中的常见软装色彩

1 冷色系

以冷色系为主的配色，能够展现出理智、冷静、高效的男性气质，加入白色具有明快、清爽感，加入暖色，具有活泼感。

2 蓝色+灰色

蓝色搭配灰色，能够展现出理性的男性气质，加入白色增加干练和力度，暗浊的蓝色搭配深灰，能体现高级感和稳重感。

3 无色系

无色系组合能够展现出具有时尚感的男性气质，若以白色为主搭配黑色和灰色，强烈的明暗对比能体现严谨、坚实感。

4 暗或浊色调

此种配色包含两种类型，即暗或浊色调的暖色及中性色，将其作为主色能够展现具有厚重感、坚实感的男性气质，比如深茶色、棕色、深绿色、灰绿等，若少量点缀蓝色、灰色，则具有考究感。

软装家具

软装饰品

软装材质

软装色彩

Chapter 5 不同人群的软装搭配

不同家居风格的软装搭配

5 中性色

　　深暗或浊色调的中性色如深绿色、灰绿、深棕色等，具有厚重感，加入到具有男性特点的有色系组合中，能够增添生机。

6 对比色

　　对比色包括有色相对比及色调对比两种，通过强烈的对比能够营造出力量感和厚重感，一样能够表现具有男性气质的空间氛围。

单身男性居住空间中的常见软装饰品

酷雅的软装饰品

　　当今男性的家居潮流以酷雅为主线。软装饰品以雕塑、金属装饰品、抽象画为主，体现理性主义的个性。同时材质硬朗、造型个性的产品更能彰显男性的魅力，如不锈钢相框、轮胎造型挂钟、几何线条的落地灯、铁丝衣帽架、水晶烟缸等。

单身男性居住空间中的常见软装图案

软装家具

软装饰品

软装材质

软装色彩

Chapter 5 不同人群的软装搭配

不同家居风格的软装搭配

① 经典的格子图案彰显男性品质

经典的格子图案，融入的布艺织物中，令空间拥有一种独特的英伦气息，庄重典雅的同时带出一丝时尚元素，彰显男性的品位。搭配冷色调的配饰，如金属饰品、玻璃饰品，可以令整体家居软装搭配不会太突兀。

② 几何造型图案令空间酷感十足

方形、圆形，这些简单的几何图案变幻莫测，把这些图案应用到男性居住空间中，酷感十足，让人眼前一亮。以纯色打底，让几何形状的座椅、书架、墙饰，甚至是地毯、靠包等，都变得鲜活动感起来，也让空间显得更有立体感，充分展现男性的个性和活力。

单身女性的软装搭配 | 清新、柔和

软装快照

（1）单身女性以碎花布艺家具、实木家具、手绘家具等能艺术化特征的家具为主；梳妆台、公主床等带有女性色彩的家具更能表现女性特有的柔美。

（2）家居色彩通常是温暖的、柔和的，配色以弱对比且过渡平稳的色调为宜；以高明度或高纯度的红色、粉色、黄色、橙色等暖色为主。

（3）家居饰品有花卉绿植、花器等与花草有关的装饰；带有蕾丝和流苏边等能体现清新、可爱的装饰；晶莹剔透的水晶饰品等能表现女人的精致的装饰。

（4）形状图案以花草图案为最常见。花边、曲线、弧线等圆润的线条更能表现女性的甜美。

单身女性居住空间中的常见家具

1 碎花布艺家具

碎花纹理是百年不变的潮流，能令人感觉到清新、甜美。碎花布艺家具自然柔美而不张扬，透露着清净典雅的气息，并带着瑰丽浪漫的情趣，使得单身女性的居住氛围展现出温润贵气的细致质感。

2 实木家具

实木材料是会呼吸的材料，对人有天然的亲和力。其中，樱桃木、枫木等颜色淡雅的实木具有精致的木纹，更加符合女性的审美观念。年纪稍大点的女性，可以选择雍容华贵的樱桃木，配上羊毛地毯或者坐垫，在卧室里则搭配相应的床垫，就像十足贵妇人的打扮；对于年轻一代追求时尚的女性，可以选择简约风格的浅色枫木家具。

3 造型奇异的家具

　　有人说，很多女人就像长不大的孩子，因为在她们的心里，像孩子就代表着被宠爱。于是矮体家具、卡通家具、造型奇异且可随意变换形态的软体家具以及可折叠并容易移动的家具，都对这种类型的女子有着相当的磁力。

单身男性居住空间中的常见软装色彩

1 暖色系

　　色环中红、橙一边的色相称暖色。以淡雅的粉色、红色、黄色等暖色为主色，加入白色，使配色之间为弱对比，且色调过渡平稳，能够展现女性的温柔感。

2 类比色

　　相邻的颜色称为类比色。以高明度或高纯度的红色、粉色、紫色、黄色为主色，点缀明度和纯度高一些的类比色，能够塑造甜美的氛围。

3 淡浊色

　　在纯色中加灰，就变成了浊色。以高明度的淡浊色，如粉色、黄色、紫色等为主色，且配色明度保持过渡平稳，避免强烈反差，便能够表现出优雅、高贵的感觉。

软装家具

软装饰品

软装材质

软装色彩

Chapter 5 不同人群的软装搭配

不同家居风格的软装搭配

4 蓝色或绿色

以柔和、淡雅色调或高纯度的蓝色或绿色为主色，配色为弱对比也可加入白色，能够体现出干练、清爽的女性特点。

5 冲突色

以明度较高或淡雅的暖色、紫色加入白色，搭配恰当比例的蓝色、绿色，能够塑造出具有梦幻、浪漫感的女性特点氛围。

6 女性色+无色系

以女性代表色为主色，其他配色中加入灰色、黑色等无色系色彩，能够展现带有时尚感的女性特点配色。

➡ 单身女性居住空间中的常见软装饰品

1 蕾丝和流苏饰品

蕾丝和流苏，是永远象征着可爱的时尚元素，是永恒的经典。既显得华贵又不失可爱。家中摆放一些蕾丝边的台灯、纸巾盒和穿着蕾丝裙的布艺玩偶，可以表现出小女孩童心未泯的情调。

软装家具

软装饰品

软装材质

软装色彩

Chapter 5 不同人群的软装搭配

不同家居风格的软装搭配

②水晶饰品

　　水晶给人清凉、干净、纯洁的感觉。女人用水晶衬托美貌，水晶用女人展现璀璨。在家居软装布置中，璀璨夺目的水晶工艺品，以其独有的时尚与高雅表达着特殊的激情和艺术品位，深受女性喜爱。一件精致的水晶工艺品蕴涵着奇思妙想和复杂的手工工艺。天然水晶更能给女人带来好运。

 单身女性居住空间中的常见软装图案

花形图案

　　女人如花，花似梦。从某种意义上讲，花形图案代表了一种女人味，精致迷人。花形家具在表达感情上似乎来得更直接，也更迷人。应用于家具中的花形主要包括木质雕刻花形，金属浇铸花形以及布艺塑造花形等。而花形的布艺沙发一般造型比较小，为单人沙发，很适合在房间的一角摆设，富有情趣。

新婚夫妇的软装搭配 甜蜜、浪漫

（1）适用双人沙发、双人摇椅等两人共用的家具。象征团圆的圆弧形家具、储物功能强大的组合家具等。

（2）家居色彩的典型配色为红色等暖色系为主的搭配；个性化配色为将红色作为点缀，或完全脱离红色，采用黄、绿或蓝、白的清新组合搭配。

（3）家居饰品通常成双成对出现的装饰品，带有两人共同记忆的纪念品，婚纱照、照片墙等墙面装饰。

（4）形状图案通常以心形、玫瑰花、"love"字样等具有浪漫基调的形状。

新婚夫妇居住空间中的常见家具

1 组合式家具

新婚夫妇的住房，面积不会太大，有时一间房往往兼有卧室、客厅、餐室、书房多种功能。购置家具时，宜少而精，可配置线条明快、造型整洁的折叠式家具和组合式家具。充分利用每一寸空间，就等于增加了房间的有效使用面积，使房间平添清新活力。

2 圆弧形家具

方方正正的家具容易令人感到规矩和刻板。而带有圆弧边缘的家具则柔化了线条，提升家中的整体装饰之感，让人觉得时尚大方。并且圆弧形家具不仅象征着夫妻间的圆满生活，也令空间尽显浪漫的基调。

新婚夫妇居住空间中的常见软装色彩

①红色

中国人认为红色是吉祥色，从古至今，新婚的喜房就都是满眼红彤彤的。红色是一种图腾，代表传统、红火和喜悦，它以慷慨奔放的姿态，让人充满向往。从客厅到卧室再到餐厅，让红色成为冬日里家的恋人，让它们在家里或大或小地撒一把野，热闹一番，让暖暖的爱意撒满全屋。

TIPS:
红色不宜成为主色调

红色在家居中使用可以让整个家庭氛围变得温暖，中国人也总认为红色是吉祥色，但居室内红色过多会让眼睛负担过重，产生头晕目眩的感觉，即使是新婚，也不能长时间让房间处于红色的主色调下。建议选择红色在软装饰上使用，比如窗帘、床品、靠包等，而用淡淡的米色或清新的白色搭配，可以使人神清气爽，更能突出红色的喜庆气氛。

②红色+黄色

红色与黄色在色彩中都是幸福的象征，红色的喜庆与热情、黄色的雍容和活跃对于婚房来说非常的应景。整个居室以黄色为主要基调，再配以红色的灯饰等配件，这样浪漫和温馨的气氛，可以衬托出新婚的喜气与激情。

③蓝色+白色

蓝色+白色是地中海风格的主打色调，这两个来自于大自然的淳朴色调，能给人一种阳光自然的感觉。蓝色象征着冷静、和谐与沉稳，这样不但避免了大面积白色带给人的空洞感，还可以烘托出婚房装修的时尚感。

软装家具

软装饰品

软装材质

软装色彩

Chapter 5 不同人群的软装搭配

不同家居风格的软装搭配

4 蓝色+橙色

以蓝色与橘色为主的色彩搭配，表现出现代与传统的交汇，碰撞出兼具超现实与复古风味的视觉感受。这两种色系原本属于强烈的对比色系，只要在双方的色度上有些变化，这两种色彩就能给予空间一种新的生命。这样的婚房色彩搭配非常具有时代感。

5 蓝色+黄色

淡黄与淡蓝的搭配可以营造出一种安全、私密的"居家感"，是当代婚房设计中较为受欢迎的色彩选择。需要注意的是使用这种配色方案时一定要注意避免轻佻感的产生，最好通过色彩的深浅变化来创造一个清新活泼、又不失安全稳定的室内色彩空间。

6 粉色

尽管红色与激情相连，粉色却与爱情和浪漫有关，因此十分适合作为婚房的色彩。粉色是个时尚的颜色，有很多不同的分支和色调，从淡粉色到橙粉红色，再到深粉色等，无不体现出女性细腻而温情的个性。从精神上而言，粉色可以使激动的情绪稳定下来；从生理上而言，粉色可以使紧张的肌肉松弛下来。

软装家具

软装饰品

软装材质

软装色彩

Chapter 5 不同人群的软装搭配

不同家居风格的软装搭配

1 相框+照片

在房间挂的结婚照是婚房中必不可少的装饰，婚纱照既可以挂置在客厅、卧室中，也可以挂置在餐厅。如今照片墙也成为年轻人追捧的室内装饰品，不仅造型多变，而且花费低廉。在新婚房中可以制作一组心形照片墙，小夫妻儿时的照片、谈恋爱时的合影都可以作为照片的内容，见证男女主人的成长历程。

2 成双成对的婚庆摆件

在婚房中增添一些喜庆的、成双成对的婚庆摆件是提升空间幸福感的简单而有效的做法。如果愿意花点心思，在沙发、浴室、卧室的角落加入更多元素，便可营造一个浪漫的环境。

单身女性居住空间中的常见软装图案

具有浪漫基调的形状图案

对于即将步入婚姻殿堂的新人来说，婚房是他们的"爱巢"，也是他们对爱的延伸。它承载着年轻夫妻双方的爱，是每一对夫妻心灵安定之处。因此室内通常装饰心形、玫瑰花、"love"字样等具有浪漫基调的形状图案以彰显甜蜜的爱情。

儿童房的软装搭配 天真、童趣

软装快照

（1）儿童房家具应使用无甲醛、无污染的环保材质。如实木、大品牌的板式家具、布艺家具等；家具体量要适合孩子的年龄段，同时家具边缘应圆滑，无尖角。

（2）女孩房以温柔、淡雅的色调为主，如淡色调的肤色、紫色、粉红色、黄色等；男孩房以炫酷的色彩来搭配，如蓝色、绿色、黑白灰等。

（3）女孩房饰品以洋娃娃等布绒玩具和带有蕾丝的饰品；男孩房以变形金刚、汽车、足球等玩具为主。

（4）女孩房的形状图案可以用七色花、麋鹿等具有梦幻色彩的图案或花仙子、美少女等简笔画；男孩房以卡通或者涂鸦形式的几何图形等线条平直的图案。

儿童居住空间中的常见家具

1 实木家具

实木是贴近自然的家具材料，朴实、环保的实木家具安全、无污染，对儿童身体健康有保障。受到了越来越多的家长追捧，但是购买时要特别注意所使用的材料，防止以次充好。

2 板式家具

有人对板式家具有些误解，认为它没有实木材料环保，其实不然，板材、配件如果都经检验合格当然就没有问题；质量是指生产工艺，因为如果质量不过关会存在安全隐患，比如连接处，一些小细节的处理等。最好选择大品牌的板式家具，质量会有保障一些。

儿童居住空间中的常见软装色彩

软装家具

软装饰品

软装材质

软装色彩

Chapter 5

不同人群的软装搭配

不同家居风格的软装搭配

1 绿色+白色

以绿色为主色系，搭配白色为辅色，能够营造出清爽、舒适的感觉，同时色彩柔和，对视力有帮助。非常适合年龄较小的青少年使用。

2 红色+蓝色

如果喜欢活泼色彩的男孩可以使用以红色为主色，搭配蓝色为对比色的配色方式，可以表现出儿童活泼、好动的天性。

3 无色系

正值青春期的大男孩不喜欢太花哨的色彩，可以使用以黑白灰为主色调的搭配方式，同时使用红色、绿色或是蓝色等作为跳色，可表现出大男孩的时尚感。

4 粉色+绿色

高纯度的粉色和绿色是童话中常出现的色彩，既充满活力又极具梦幻效果，非常适合女孩使用。搭配白色和黑色作为辅色，又可以为空间增添一些时尚气息。

5 粉色+蓝色

低纯度的蓝色能够弱化粉色的火热，同时可以令粉色具有强烈的动感和视觉冲击力，两者搭配在一起非常适合追求与众不同的大女孩使用。另外，这两种颜色相搭配时，可适当降低纯度，以减轻对儿童的视觉刺激性。

6 紫色+白色

紫色比粉色更加成熟稳重，与白色相搭配能够体现出时尚、梦幻的色彩。非常适合喜欢欧式浪漫氛围的女孩使用。

儿童居住空间中的常见软装饰品

1 布偶玩具

布偶代表可爱童年的象征，得到了无可厚非的青睐，它是儿童可以倾听烦恼的朋友和亲密的伙伴。布偶玩具特有的可爱表情和温暖的触感，能够带给儿童无限乐趣和安全的感觉。

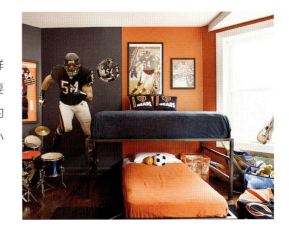

② 汽车、足球玩具

男孩子们都比较活泼好动，对于新鲜的事物充满了好奇心，所以对于玩具的要求也是倾向于汽车、足球、吉他等炫酷的玩具。这类玩具可以很好地锻炼男孩的小肌肉群及机体协调能力。

儿童居住空间中的常见软装图案

卡通简笔画

简笔画就是用简单的线条画出物体主要的外形特征，同时删掉细节，把复杂的形象简单化。卡通简笔画不仅能激发孩子的学画的兴趣，还可以培养孩子的速记能力、概括能力、想象能力，有利于孩子的智力发展。

TIPS:
儿童房不宜挂的画

（1）人物画像：许多孩子都有追星的习惯，会把自己喜欢的明星画像贴在墙上。浓妆艳抹的明星图画，容易使孩子从小耳濡目染，不利其成长。

（2）神像画像：一些家长希望孩子得到神明保佑，于是把神像挂在孩子房间。但是，这样会引起孩子不安的情绪，影响孩子的健康成长。

（3）凶禽猛兽画及鬼怪面谱：这样容易导致孩子做噩梦，且会影响儿童对事物的主观印象，容易使孩子的心理扭曲。

（4）打打杀杀的画：会令孩子从小形成好斗之心，让人产生暴戾感，脾气变得暴躁，容易冲动。

软装家具

软装饰品

软装材质

软装色彩

Chapter 5 不同人群的软装搭配

不同家居风格的软装搭配

Chapter **6**

不同家居风格的
软装搭配

现代家居风格的软装搭配

简约家居风格的软装搭配

中式古典家居风格的软装搭配

新中式家居风格的软装搭配

欧式古典家居风格的软装搭配

新欧式家居风格的软装搭配

美式乡村家居风格的软装搭配

田园家居风格的软装搭配

东南亚家居风格的软装搭配

地中海家居风格的软装搭配

现代家居风格的软装搭配

简洁、时尚

软装快照

（1）现代风格提倡突破传统，创造革新，重视功能和空间组织，造型简洁，反对多余装饰，崇尚合理的构成工艺；尊重材料的特性，讲究材料自身的质地和色彩的配置效果。

（2）常用软装材料：不锈钢、大理石、玻璃、珠线帘。

（3）软装家具：造型茶几、躺椅、布艺沙发、线条简练的板式家具。

（4）软装色彩：红色系、黄色系、黑色系、白色系、对比色。

（5）软装饰品：几何形地毯、纯色或条状图案的窗帘、抽象艺术画、无框画、金属灯罩、玻璃或金属工艺品。

（6）软装形状图案：几何结构、直线、点线面组合、方形、弧形。

现代风格家具强调功能性

现代风格的家具强调功能性设计，线条简约流畅；材质上大量使用钢化玻璃、不锈钢等新型材料作为辅料。但由于现代风格的家具线条简单、装饰元素少，因此常需要软装配合，才能将现代风格的美感表达得淋漓尽致。

▲去繁求简的几何线条家具更符合现代人的生活模式，令空间更加流畅、通透

▲半开放性的电视柜极具功能性，既可以摆放心爱的小饰品，又可以储藏客厅的杂物

一看就懂的软装材料

软装家具

软装饰品

软装材质

软装色彩

不同人群的软装搭配

Chapter 6

不同家居风格的软装搭配

1 不锈钢

不锈钢的镜面反射作用，可取得与周围环境中的各种色彩、景物交相辉映的效果。同时在灯光的配合下，还可形成晶莹明亮的高光部分，对空间环境的效果起到强化和烘托的作用，因此很符合现代风格追求创造革新的需求。

2 玻璃

玻璃的出现，让人在空灵、明朗、透彻中丰富了对现代主义风格的视觉理解。它作为一种装饰效果突出的饰材，可以塑造空间与视觉之间的丰富关系，带来明朗、透彻的现代风格家居。

3 大理石

大理石表面平滑光亮，造型简约大气，更能体现出现代风格简洁的空间感。而且纹理美观，非常便于打理。因此广泛用于各种家具的台面和工艺品摆件。

TIPS:
现代风格选材更广泛

现代风格在选材上较为广泛，除了石材、木材、面砖等家居常用建材外，新型材料，如不锈钢、合金等，也经常作为室内装饰及家具设计的主要材料出现。另外，玻璃材质可以表现出现代时尚的家居氛围，因此同样受到现代风格的欢迎。

④ 珠线帘

在现代风格的居室中可以选择珠线帘代替墙和玻璃，作为轻盈、透气的软隔断。例如，在餐厅、客厅或者玄关都可以采用这种似有似无的隔断，既划分区域，不影响采光，更能体现居室的美观。

一看就懂的软装家具

① 造型茶几

在现代风格的客厅中，除了运用材料、色彩等技巧营造格调之外，还可以选择造型感极强的茶几作为装点的元素。此种手法不仅简单易操作，还能大大地提升房间的现代感。

② 线条简练的板式家具

板式家具简洁明快、新潮，布置灵活，价格容易选择，是家具市场的主流。而现代风格追求造型简洁的特性使板式家具成为此风格的最佳搭配，其中以茶几和电视背景墙的装饰柜为主。

一看就懂的软装色彩

软装家具

软装饰品

软装材质

软装色彩

不同人群的软装搭配

Chapter 6

不同家居风格的软装搭配

1 白色

现代风格中的白色较为常见，纯净的白色可与任何色彩的软装搭配。如塑造温馨、柔和感可搭配米色、咖啡色等暖色；塑造活泼感需要强烈的对比，可搭配艳丽的纯色，红色、黄色、橙色等；塑造清新、纯真的氛围，可搭配明亮的浅色。

TIPS:
现代风格色彩较为灵活

现代风格的家居在色彩的搭配上较为灵活，既可以将色彩简化到最少程度，也可以用饱和度较高的色彩做跳色。除此之外，还可以使用强烈的对比色彩，像是白色配上红色或深色木皮搭配浅色木皮，都能突显空间的个性。

2 黑色

黑色具有神秘感，大面积使用容易令人感觉阴郁、冷漠，可以做跳色，以单面墙或者主要家具来呈现。如果想要对比强烈的话，可以与白色搭配，塑造出强烈的视觉冲击力。

3 灰色

明度高的灰色具有时尚感，如浅灰、银灰，用作大面积背景色及主角色均可，明度低的灰色可以以单面墙、地面或家具来展现，总的来说，明度高的灰色比较容易搭配。

4 黑+白+灰

若追求冷酷和个性，全部使用黑、白、灰的配色方式会更淋漓尽致，根据居室的面积，选择三种色彩中的一种做背景色，另外两种搭配使用；追求舒适及个性共存的氛围，可搭配一些大地色系或具有色彩偏向的灰色，如黄灰色、褐色、土黄色等颜色的布艺织物。

5 对比色

强烈的对比色，可以创造出特立独行的个人风格，也可以令家居环境尽显时尚与活泼。配色时可以采用不同颜色的涂料与空间中的家具、配饰等形成对比，最终打破家居空间的单调感。

一看就懂的软装饰品

1 纯色或条状图案的窗帘

现代风格要体现简洁、明快的特点，因此可以选择纯棉、麻、丝这些材质的窗帘，以保证窗帘自然垂地的感觉；此外，百叶帘、卷帘也比较适合现代风格的居室。窗帘的颜色可以比较跳跃，但一定不要选择花色较多的图案，以免破坏整体家居环境，可以考虑选择条状图案。

② 带有创意色彩的几何地毯

在主色调较为清冷的现代风格家居中，几何地毯可以搭配羊毛地毯或波斯地毯，用以提升整个家居空间的档次。而在带有创意色彩的现代风格家居中，则可以利用兽皮地毯、几何地毯、不规则块毯、反差色调地毯等，来充分彰显居住者特立独行的性格。

③ 金属、玻璃类工艺品

现代风格家居的家具一般总体颜色比较浅，所以工艺品应承担点缀作用。工艺品的线条较简单，设计独特，可以选用特色一点的物件，或者造型简单别致的瓷器和金属或玻璃工艺品。

④ 颀长形花卉搭配玻璃或塑料花器

插花在花材的选择上较为广泛，但最好选择颀长花卉，搭配透明玻璃花器就会很好看。现代家居中的花器选择很关键，玻璃、塑料花器较为适用，繁复的欧式陶瓷花器和金属花器应避免使用。

软装家具

软装饰品

软装材质

软装色彩

不同人群的软装搭配

Chapter 6

不同家居风格的软装搭配

TIPS:
现代风格饰品需要体现时代特征

现代风格在装饰品的选择上较为多样化，只要是能体现出时代特征的物品皆可。例如，带有造型感的灯具、抽象而时尚的装饰画，甚至是另类的装饰物品等。装饰品的材质同样延续了硬装材质，像玻璃、金属等，均运用得十分广泛。

简约家居风格的软装搭配

干净、明快

软装快照

（1）"轻装修、重装饰"是简约风格设计的精髓；而对比是简约装修中惯用的设计方式。

（2）常用软装材料：镜面/烤漆玻璃、浅色木纹制品、藤艺制品。

（3）软装家具：低矮家具、直线条家具、多功能家具、带有收纳功能的家具、造型简洁的布艺、皮质沙发。

（4）软装色彩：浅冷色调、单一色调、高纯度色彩、白色、白色+黑色。

（5）软装色彩：纯色地毯、抽象艺术画、无框画、黑白装饰画、吸顶灯、花艺、绿化造景和摆件。

（6）软装形状图案：直线、直角、大面积色块、几何图案。

软装到位是简约风格家居装饰的关键

由于简约家居风格的线条简单、装饰元素少，因此软装到位是简约风格家居装饰的关键。配饰选择应尽量以实用方便为主；此外简约风格的家具一般总体颜色比较浅，所以饰品就应该起点缀作用。一些造型简单别致充满个性和美感的陈列品，如：瓷器和金属的工艺品就比较合适，花艺相架也不错。

▲原木色的茶几搭配冷色系的饰品，令客厅的颜色更为丰富

▲卧室用色简单明快，生机盎然的绿植与造型奇特的挂画成为空间中的点睛之笔

一看就懂的软装材料

① 浅色木纹制品

浅色木纹制品干净、自然，尤其是原木纹材质，看上去清新典雅，给人以返璞归真之感。和简约风格摆脱烦琐、复杂、追求简单和自然的理念非常契合。

② 藤艺制品

藤艺制品质轻而坚韧，可以编织出各种各样具有艺术的家具。藤艺家具典雅平实、美观大方、贴近自然，具有很高的鉴赏性，能够表现出简约风格干净、通透的效果。

一看就懂的软装家具

① 多功能家具

多功能家具是一种在具备传统家具初始功能的基础上，实现其他新设功能的家具类产品，是对家具的再设计。例如，在简约风格的居室中，可以选择能用作床的沙发、具有收纳功能的茶几和岛台等，这些家具为生活提供了便利。

软装家具

软装饰品

软装材质

软装色彩

不同人群的软装搭配

Chapter 6 不同家居风格的软装搭配

2 直线条家具

简约风格在家具的选择上延续了空间的直线条，横平竖直的家具不会占用过多的空间面积，令空间看起来干净、利落，同时也十分实用。

3 造型简洁的布艺、皮质沙发

简约风格的沙发适合搭配外形简洁、利落，而颜色单一的款式。不花哨的几何花纹款式也不错，材质方面，最好选择布艺沙发或者皮质沙发，沙发上抱枕颜色可与沙发主体形成一定的对比，款式不宜超过三种，以免显得凌乱。

一看就懂的软装色彩

1 单一色调

单一色调，顾名思义是指一种色彩。简约风格常常会选用一种颜色来作为空间的主色调，大面积来使用，这样的色彩设计符合简约风格追求以简胜繁的风格理念。另外，为避免过于单调，最好有小面积的点缀色出现。

2 浅冷色调

浅冷色调包括蓝绿、蓝青、蓝、蓝紫等，一般会给人带来清爽的感觉，在简约风格中运用较多，带来耳目一新的视觉感受，也令空间显得整洁、干净。浅蓝搭配白色、木色，可以很好地体现风格特征。

③ 高纯度色彩

高纯度色彩是指在基础色中不加入或少加入中性色而得出的色彩。纯度越高，居室越明亮。但应注意使用高纯度的色彩时，应合理搭配，使用一种颜色为主角色，其他的作为配角色和点缀色即可。同时一个区域最好不要超过三种颜色。

④ 白色

用白色调呈现干净、通透的简约风格居室，是很讨巧的手法。其不浮躁、不繁杂，可以令人的情绪很快地安定下来。主体家具都可以使用白色系，同时搭配红色、蓝色、绿色等亮色系的抱枕或是布艺织物、工艺品等作为点缀，空间会更加有情调。

⑤ 白色+黑色

面积稍大的居室可以将白色装饰的面积占据整体空间面积的80%～90%，黑色只用10%～20%即可；面积低于20m^{2}的居室，则可以将黑色装饰扩大到占整体面积的30%。这样的搭配更显简约风格的优雅气质。

TIPS:
大面积色块灵动划分空间

简约风格划分空间不一定局限硬质墙体，还可以通过大面积色块进行划分，这样的划分具有很好的兼容性、流动性及灵活性；另外大面积色块也可以用于墙面、软装等地方。

软装家具
软装饰品
软装材质
软装色彩
不同人群的软装搭配

Chapter 6
不同家居风格的软装搭配

一看就懂的软装饰品

1 纯色地毯

　　质地柔软的地毯常常被用于各种风格的家居装饰中，而简约风格的家居因其追求简洁的特性，因此在地毯的选择上，最好选择纯色地毯，这样就不用担心过于花哨的图案和色彩与整体风格冲突。而且对于每天都要看到的软装来说，纯色的也更加耐看。

2 抽象艺术画

　　抽象画与自然物象极少或完全没有相近之处，而又具强烈的形式构成，因此比较符合简约风格的居室。将抽象画搭配现代风格家装，不仅可以提升空间品位，还可以达到释放整体空间感的效果。

3 无框画

　　无框画摆脱了传统画边框的束缚，具有原创画味道，因此更符合现代人的审美观念，同时与简约风格的居室追求简洁的观念不谋而合。

④ 黑白装饰画

黑白装饰画即为画作图案只运用黑白灰三色完成，画作内容可具体，可抽象。黑白装饰画运用在简约风格的居室中，既符合其风格特征，又不会喧宾夺主。

⑤ 艺术墙饰

墙饰，是简约家装工程中十分重要的环节，简约风格墙面多以浅色单色为主，易显得单调而缺乏生气，也因此具有最大的可装饰空间，墙饰的选用成为必然。照片墙和造型各异的墙面工艺模型是最普遍和受欢迎的。

⑥ 吸顶灯

吸顶灯在安装时底部完全贴在屋顶上，造型往往较为简洁，但形状却很多样。因此，既有装饰性，又不会显得过于烦琐。

⑦ 花艺、绿化造景和摆件

简约风格的装修通常色调较浅，缺乏对比度，因此可灵活布置一些靓丽的花艺、摆件作为点缀，花艺可采用浅绿色、红色、蓝色等清新明快的瓶装花卉，不可过于色彩斑斓，摆件饰品则多采用金属、瓷器材质为主的工艺品。

软装家具

软装饰品

软装材质

软装色彩

不同人群的软装搭配

Chapter 6 不同家居风格的软装搭配

中式古典家居风格的软装搭配

古色、古香

软装快照

（1）布局设计严格遵循均衡对称原则，家具的选用与摆放是中式古典风格最主要的内容。

（2）常用软装材料：木材、丝绸、中国风布艺。

（3）软装家具：明清家具、圈椅、案类家具、坐墩、博古架、塌、隔扇、中式架子床。

（4）软装色彩：中国红、黄色系、棕色系、蓝色+黑色。

（5）软装饰品：宫灯、木雕花壁挂、挂落、雀替、青花瓷、中式屏风、中国结、文房四宝、书法装饰、菩萨、佛像。

（6）软装图案：垭口、藻井吊顶、窗棂、镂空类造型、回字纹、冰裂纹、福禄寿字样、牡丹图案、龙凤图案、祥兽图案。

"对称原则"令中式古典风格的居室更具东方美学特征

东方美学讲究"对称"，对称能够减少视觉上的冲击力，给人们一种协调、舒适的视觉感受。在中式古典风格的居室中，把融入了中式元素具有对称的图案用来装饰，再把相同的家具、饰品以对称的方式摆放，就能营造出纯正的东方情调，更能为空间带来历史价值感和墨香的文化气质。

▲对称摆放的家具非常符合中式古典风格的美学诉求　　　▲精雕细琢的明清家具对称摆放，令居室规整、大气

一看就懂的软装材料

1 木材

在中国古典风格的家居中，木材的使用比例非常高，而且多为重色，例如黑胡桃、柚木、沙比利等，为了避免沉闷感，其他部分适合搭配浅色系，如米色、白色、浅黄色等，以减轻木质的沉闷感，从而使人觉得轻快一些。

2 丝绸

丝绸织物质地优良、花色精美，享有"第二皮肤"的美称。广泛用于中式古典风格的居室中。例如，丝绸可用作挂帷装饰，挂置于门窗墙面等部位；也可以用作分隔室内空间的屏障；用丝绸制作的工艺品能提升环境品位。

一看就懂的软装家具

1 明清家具

明清家具同中国古代其他艺术品一样，不但具有深厚的历史文化艺术底蕴，而且具有典雅、实用的功能，可以说在中式古典风格中，明清家具是一定要出现的元素。

2 圈椅

圈椅由交椅发展而来，最明显的特征是圈背连着扶手，从高到低一顺而下，坐靠时可使人的臂膀都倚着圈形的扶手，感觉十分舒适，是中国独具特色的椅子样式之一。

软装家具

软装饰品

软装材质

软装色彩

不同人群的软装搭配

不同家居风格的软装搭配

Chapter 6

3 案类家具

案类家具形式多种多样，造型比较古朴方正。由于案类家具被赋予了一种高洁、典雅的意蕴，因此摆设于室内成为一种雅趣。案类家具是一种非常重要的传统家具，更是鲜活的点睛之笔。

4 榻

榻也是中国古时家具的一种，狭长而较矮，比较轻便，也有稍大而宽的卧榻，可坐可卧，是古时常见的木质家具，材质多种，普通硬木和紫檀黄花梨等名贵木料皆可制作，榻面也有加藤面或其他材质。

5 中式架子床

中式架子床为汉族卧具，为床身上架置四柱或四杆的床，式样颇多、结构精巧、装饰华美。装饰多以历史故事、民间传说、花马山水等为题材，含和谐、平安、吉祥、多福、多子等寓意。

6 博古架

博古架是一种在室内陈列古玩珍宝的多层木架，是类似书架式的木器。博古架或倚墙而立、装点居室，或隔断空间、充当屏障，还有陈设各种古玩器物的用途，点缀空间美化居室。

软装家具

软装饰品

软装材质

软装色彩

不同人群的软装搭配

Chapter **6**

不同家居风格的软装搭配

7 坐墩

坐墩又称绣墩，是汉族传统凳具家族中最富有个性的坐具，由于它上面多覆盖一方丝绣织物而得名。明清坐墩有别，明代墩面隆起，清代系平面。一般在上下彭牙上也做两道弦纹和鼓钉，保留着中国大鼓蒙皮革，钉帽钉的形式。

 一看就懂的软装色彩

1 红色

红色对于中国人来说象征着吉祥、喜庆，传达着美好的寓意。在中式古典风格的家居中，这种鲜艳的颜色，被广泛用于室内色彩之中，代表着主人对美好生活的期许。沙发套、床品、抱枕、装饰画、灯具都可以使用不同明度和纯度的红色系。

2 黄色

黄色系在古代作为皇家的象征，如今也广泛地用于中国古典风格的家居中；并且黄色有着金色的光芒，象征着财富和权利，是骄傲的色彩。其中以挂画和床品、沙发坐垫运用得居多。

一看就懂的软装饰品

1 宫灯

宫灯是中国彩灯中富有特色的汉民族传统手工艺品之一，主要是以细木为骨架镶以绢纱和玻璃，并在外绘以各种图案的彩绘灯，它充满宫廷的气派，可以令中式古典风格的家居显得雍容华贵。

2 木雕花壁挂

木雕花壁挂以实木精雕细琢而成，具有文化韵味和独特风格，可以体现出中国传统家居文化的独特魅力，可以作为装饰画的形式来运用。

3 雀替

雀替是中国建筑中的特殊名称，安置于梁或阑额与柱交接处承托梁枋的木构件；也可以用在柱间的落挂下，或为纯装饰性构件。在一定程度上，可以增加梁头抗剪能力或减少梁枋间的跨距。

4 挂落

挂落是中国传统建筑中额枋下的一种构件，常用镂空的木格或雕花板做成，也可由细小的木条搭接而成，用作装饰或同时划分室内空间。因为挂落有如装饰花边，可以使室内空阔的部分产生变化，出现层次，具有很强的装饰效果。

软装家具

软装饰品

软装材质

软装色彩

不同人群的软装搭配

不同家居风格的软装搭配 Chapter 6

5 窗棂

窗棂，即窗格（窗里面的横的或竖的格）。是中国传统木构建筑的框架结构设计，雕刻有线槽和各种花纹，好似镶在框中挂在窗户上的一幅画。

6 文房四宝

中国书法的工具和材料基本上是由笔、墨、纸、砚组成的，人们通常把它们称为"文房四宝"，大致是说它们是文人书房中必备的四件宝贝。放在书房中，既具有实用功能，又能令居室充分彰显出中式古典风情。

7 中国结

中国结，是一种中国民间艺术形式。古称络子，历史悠久，它身上所显示的情致与智慧正是中华古老文明中的一个侧面。

TIPS: 大面积色块灵动划分空间

中式古典风格的传统室内陈设追求的是一种修身养性的生活境界，在装饰细节上崇尚自然情趣，花鸟、鱼虫等精雕细琢，富于变化，充分体现出中国传统美学精神。配饰善用字画、古玩、卷轴、盆景、精致的工艺品加以点缀，更显业主的品位与尊贵。

新中式家居风格的软装搭配

沉稳、大气

软装快照

（1）新中式风格通过提取传统家居的精华元素和生活符号进行合理的搭配和布局，在整体的家居设计中既有中式家居的传统韵味，又更多地符合了现代人居住的生活特点。

（2）常用软装材料：实木、竹木、玻璃、石材、中式花纹布艺。

（3）软装家具：线条简练的中式家具、圈椅、无雕花架子床、简约化博古架。

（4）软装色彩：黑色+白色+灰色、棕色+白色、棕红色+绿色、浅棕色+蓝色+绿色，同时吊顶颜色宜浅于地面与墙面。

（5）软装饰品：中式仿古灯、青花瓷、茶具、古典乐器、菩萨、佛像、花鸟图、水墨装饰画、中式书法。

（6）软装形状图案：中式镂空雕刻、中式雕花吊顶、直线条、荷花图案、梅兰竹菊、龙凤图案、骏马图案。

新中式风格追求内敛、质朴

在新中式风格的居室中，既有方与圆的对比；同时简洁硬朗的直线条也被广泛地运用，不仅反映出现代人追求简单生活的居住要求，更迎合了新中式家居追求内敛、质朴的设计风格。另外，传统中式中的梅兰竹菊、花鸟虫鱼等图案在新中式家居中也会经常用到。

▲深色木纹的新中式沙发摒弃了繁复的造型，以简洁硬朗的直线条，令居室更具现代化

▲灰色的布艺沙发搭配木质茶几，令整个空间充满了古色古香的氛围

一看就懂的软装材料

软装家具

软装饰品

软装材质

软装色彩

不同人群的软装搭配

Chapter 6

不同家居风格的软装搭配

1 实木

新中式风格讲究实木本身的纹理与现代先进工艺材料相结合，不再强调大面积的设计与使用，如回字形吊顶一圈细长的实木线条，或客厅沙发选用布艺或皮质，而茶几采用木质等。

2 竹木

竹，在中国是一种拥有深厚文化底蕴的植物，它不仅被古人赋予了丰富的文化内涵，在现代更是一种常见的家具材料，竹木家具最大限度地保留了天然竹材的平行直纹和竹节的结棱结构，令新中式风格更贴近自然。

3 中式花纹布艺

具有中式图案的布艺织物能打造出高品质的中式唯美情调。印有花鸟、蝴蝶、团花等传统刺绣图案的抱枕，摆放在素色沙发上就呈现出浓郁的中国风。

4 玻璃

新中式风格除去大量地运用实木，也会用玻璃来作为搭配使用，可以很好地提升空间亮度及增大视觉空间。例如，可以在实木家具上摆放玻璃饰品，使玻璃与木材的刚柔质感良好地融合在一起。

185

一看就懂的软装家具

1 线条简练的中式沙发组合

结合现代制作工艺，线条简单的新中式沙发组合，可以体现新中式风格既遵循传统美，又加入了现代生活简洁的理念。

2 博古架

博古架的设计突破了传统的全实木结构，加入了镜面、不锈钢收边条、石材等现代元素。使具有传统文化的博古架更具现代时尚感，同时不失却原本的中式风质感。

3 圈椅

通过现代工艺手法设计的圈椅摒弃了中式古典的繁复装饰造型，并在设计上更符合人体工程学，具有优美弧线的外形。在材质上既可以选择传统木质圈椅，也可选择金属材质圈椅。

4 无雕花架子床

无雕花架子床继承了传统中式架子床的框架结构，但在设计形式上却结合了现代风的审美视角，更为简洁、明快，选用的材料也更为舒适。

5 新中式实木餐桌

突破了传统中式餐桌的繁复造型，以简洁的直线条取胜。但它也不是凭空出现的，是在古人经验总结的基础上演变而来，是取其精华部分、去其外在的形式并运用现代的方式表现出来的。另外，实木餐桌材质选择更加多样化，既可为木质，又可结合玻璃等材质。

 一看就懂的软装色彩

1 黑色+白色+灰色

新中式讲究的是色彩自然和谐的搭配，经典的配色是以黑、白、灰色和棕色为基调，在这些主色的基础上可以用皇家住宅的红、黄、蓝、绿等作为局部色彩。

2 棕色+白色

古朴的棕色与白色相搭配，能够令空间兼具时尚感以及古典韵味。同时可搭配绿植花艺，为居室增添温馨感。

软装家具

软装饰品

软装材质

软装色彩

不同人群的软装搭配

Chapter 6 不同家居风格的软装搭配

① 棕红色+绿色

棕红色沉稳高雅，与对比色绿色相搭配令居室独具清新感。适用于喜爱中式风格，但希望空间不要太沉闷的人群。其中棕红色可以作为主体家具的色彩，搭配绿色的挂画和工艺品。

② 浅棕色+蓝色+绿色

以浅棕色为主色可强化新中式风格的自然感和时尚感，为居室奠定温馨、舒适的氛围。同时加入蓝色与绿色作为点缀色使用，为古雅的新中式中注入活泼感。

TIPS: 新中式风格色彩较为淡雅

新中式风格的家居色彩相对于中式古典风格沉稳、厚重的色彩，而显得较为淡雅。白色系被大量地运用，一些墙面可以选择用亮色作为跳色，但不适合整个空间都使用。另外，木色系在新中式风格中也会被广泛运用，以浅木色为主。

一看就懂的软装饰品

① 中式仿古灯

中式仿古灯更强调古典和传统文化神韵的再现，装饰多以镂空或雕刻的木材、半透明的纱、黑色铁艺、玻璃为主，图案多为清明上河图、如意图、龙凤等中式元素，宁静而古朴。

2 水墨装饰画

　　水墨画是中国绘画的代表，可以很好地体现中式文化的底蕴。用于家居中，可以塑造出典雅、素洁的空间氛围，同时可体现出屋主的文化底蕴。

3 茶具

　　饮茶为中国人喜爱的一种生活形式，在新中式家居中摆放茶具，可以传递雅致的生活态度。同时选购的整套茶具要和居室的氛围相和谐，容积和重量的比例恰当。

4 青花瓷

　　在新中式风格的家居中，摆上几件青花装饰品，可以令家居环境的韵味十足，也将中国文化的精髓满溢于整个居室空间。

TIPS:
新中式风格适合搭配清浅淡雅的饰品

　　新中式家居中的装饰品既要能体现出中式韵味，在造型上又不宜过于烦琐。因此，仿古灯、青花瓷等装饰较为适用。另外，装饰品的色彩不宜过于浓重，尤其是大体量的装饰物；清浅淡雅的装饰物，则可以很好地与新中式风格相协调。

软装家具

软装饰品

软装材质

软装色彩

不同人群的软装搭配

Chapter 6

不同家居风格的软装搭配

欧式古典家居风格的软装搭配

雍容、华贵

软装快照

> （1）欧洲古典风格空间上追求连续性，以及形体的变化和层次感，具有很强的文化韵味和历史内涵。
>
> （2）常用软装材料：雕花实木、软包、天鹅绒、石材、水晶、镜面、欧式花纹布艺。
>
> （3）软装家具：色彩鲜艳的沙发、兽腿家具、贵妃沙发床、欧式四柱床、床尾凳。
>
> （4）软装配色：黄色/金色、红色、棕色系、青蓝色系。
>
> （5）软装饰品：水晶吊灯、铁艺枝灯、罗马帘、壁炉、西洋画、雕像、西洋钟、欧式红酒架。
>
> （6）软装形状图案：藻井式吊顶、拱顶、花纹石膏线、欧式门套、拱门。

欧式古典风格的软装搭配追求华丽高雅的氛围

欧式古典风格室内色彩鲜艳，光影变化丰富；室内多用带有图案的壁纸、地毯、窗帘、床罩、帐幔以及古典式装饰画或物件；为体现华丽的风格，家具、门、窗多漆成棕红色，家具、画框的线条部位饰以金线、金边。它追求华丽、高雅，典雅中透着高贵，深沉里显露豪华，具有很强的文化韵味和历史内涵。

▲具有精美雕花的实木家具极具美感，大面积的地毯铺设为书房带来了宁静

▲巨大的西洋画挂在电视背景墙上，与真皮实木沙发遥相呼应，令空间备显豪华

一看就懂的软装材料

软装家具

软装饰品

软装材质

软装色彩

不同人群的软装搭配

Chapter 6

不同家居风格的软装搭配

1 雕花实木

欧式古典风格的家具以雕花实木材质为主。常用的材料有：橡木、桃花心木、胡桃木、蟹木楝等名贵材质。完美体现欧美家具厚重耐用的特质。雕刻部分采用圆雕、浮雕或是透雕，尊贵典雅、融入了浓厚的欧洲古典文化。

2 软包

软包是指一种在表面用柔性材料加以包装的装饰方法，所使用的材料质地柔软，造型很立体，能够柔化整体空间的氛围，一般可用于家具中的沙发、椅子、床头等位置。其纵深的立体感亦能提升家居档次，因此也是欧式古典家居中常用到的装饰材料。

3 天鹅绒

天鹅绒是以绒经在织物表面构成绒圈或绒毛的丝织物名。它材质细密，高贵华丽与欧式古典风格非常契合。因此常用作欧式古典风格的沙发套、床品、窗帘、桌旗等。

一看就懂的软装家具

1 兽腿家具

结合现代制作工艺、线条简单的新中式沙发组合，可以体现新中式风格既遵循传统美，又加入了现代生活简洁的理念。

TIPS:

欧式古典风格家具造型复杂

欧式家具的做工较为精美，轮廓和转折部分由对称而富有节奏感的曲线或曲面构成，并装饰镀金铜饰，艺术感强。鲜艳色系可以体现出欧式古典家居的奢华大气，而柔美浅色调的家具则能显示出新欧式家居高贵优雅的氛围。由于欧式家具的造型大多较为繁复，因此数量不宜过多，否则会令居室显得杂乱、拥挤。

2 贵妃沙发床

贵妃沙发床有着优美玲珑的曲线，沙发靠背弯曲，靠背和扶手浑然一体，可以用靠垫坐着，也可把脚放上斜躺，这种家具运用于欧式家居中，可以传达出奢美、华贵的宫廷气息。

3 欧式四柱床

四柱床起源于古代欧洲贵族，他们为了保护自己的隐私便在床的四角支上柱子，挂上床幔，后来逐步演变成利用柱子的材质和工艺来展示居住者的财富。

④ 床尾凳

床尾凳并非是卧室中不可缺少的家具，但却是欧式家居中很有代表性的设计，具有较强装饰性和少量的实用性，建议经济状况比较宽裕的家庭选用，可以从细节上提升卧房品质。

一看就懂的软装色彩

① 红棕色系

欧式古典家具和护墙板多为红棕色系，此种材质具有浓郁的古典感，若搭配白色或浅色系软垫，能够弱化沉闷感。搭配金色的边框能增加华丽感。

② 黄色系

在色彩上，欧式古典风格经常运用明黄、金色等古典常用色来渲染空间氛围，可以营造出富丽堂皇的效果，表现出古典欧式风格的华贵气质。例如，床品和布艺织物，装饰画等都可以使用黄色系搭配木质家具。

③ 青蓝色系

青色、蓝色为冷色系，搭配红棕色系的家具，令空间色彩更加和谐自然，这种配色方式融合了舒适与清新感，适合喜爱欧式古典风格的华贵，但又喜欢清新色调的人群。

软装家具
软装饰品
软装材质
软装色彩
不同人群的软装搭配
Chapter 6
不同家居风格的软装搭配

一看就懂的软装饰品

1 水晶吊灯

在欧式风格的家居空间里，灯饰设计应选择具有西方风情的造型，比如水晶吊灯，这种吊灯给人以奢华、高贵的感觉，很好地传承了西方文化的底蕴。

2 铁艺枝灯

铁艺灯是奢华典雅的代名词，源自欧洲古典风格艺术。在欧式的家居风格中运用铁艺枝灯进行装饰，可以体现出居住者优雅隽永的气度。

3 罗马帘

罗马帘是窗帘装饰中的一种，种类很多，其中欧式古典罗马帘自中间向左右分出两条大的波浪形线条，是一种富于浪漫色彩的款式，其装饰效果非常华丽，可以为家居增添一份高雅古朴之美。

4 壁炉

　　壁炉是西方文化的典型载体，选择欧式古典风格的家装时，可以设计一个真的壁炉，也可以设计一个壁炉造型，辅以灯光，可以营造出极具西方情调的生活空间。

5 西洋画

　　在欧式古典风格的家居空间里，可以选择用西洋画来装饰空间。其中以油画为主，特点是颜料色彩丰富鲜艳，能够充分表现物体的质感，使描绘对象显得逼真可信，具有很强的艺术表现力。可以营造出浓郁的艺术氛围，表现业主的文化涵养。

6 雕像

　　欧洲雕像有很多著名的作品，在某种程度上，可以说欧洲承载了一部西方的雕塑史。因此，一些仿制的雕像作品也被广泛地运用于欧式古典风格的家居中，体现出一种文化与传承。代表性作品主要有古希腊雕刻、古罗马雕刻、中世纪雕刻、文艺复兴时期雕刻、18世纪雕刻。

软装家具

软装饰品

软装材质

软装色彩

不同人群的软装搭配

Chapter 6 不同家居风格的软装搭配

新欧式家居风格的软装搭配

清新、唯美

软装快照

（1）新欧式风格不再追求表面的奢华和美感，而是更多去解决人们生活的实际问题，极力让厚重的欧式家居体现一种别样奢华的"简约风格"。

（2）常用软装材料：欧式花纹布艺织物、镜面玻璃、不锈钢、大理石、织锦、软包、陶艺。

（3）软装家具：线条简化的复古家具、描金漆家具、猫脚家具、真皮沙发、皮革餐椅。

（4）软装色彩：白色、金属色、大地色、米黄色、无色系、蓝色系、灰绿色+深木色、白色+大地色系。

（5）软装饰品：铁艺枝灯、欧风茶具、抽象图案/几何图案地毯、罗马柱壁炉外框、欧式花器、线条烦琐且厚重的画框、雕塑、天鹅陶艺品、帐幔。

（6）软装形状图案：波状线条、欧式花纹、装饰线、对称布局、雕花。

新欧式风格的家具更具现代性

新欧式风格是经过改良的古典主义风格，高雅而和谐是其代名词。在家具的选择上既保留了传统材质和色彩的大致风格，又摒弃了过于复杂的肌理和装饰，简化了线条。因此新欧式风格从简单到繁杂、从整体到局部，精雕细琢，镶花刻金都给人一丝不苟的印象。

▲餐桌椅采用黑白的强烈对比色设计，高贵典雅又不失现代感

▲极具造型感的欧式家具搭配晶莹剔透的水晶灯，令空间呈现出唯美气息

一看就懂的软装材料

软装家具

软装饰品

软装材质

软装色彩

不同人群的软装搭配

不同家居风格的软装搭配

Chapter 6

① 欧式花纹布艺织物

新欧式风格软装中一般选用带有传统欧式花纹的布艺织物，欧式花纹典雅的独特气质能与欧式家具搭配相得益彰，把新欧式风格的唯美气质发挥得淋漓尽致。

② 镜面玻璃

新欧式风格摒弃了古典欧式的沉闷色彩，合金材质、镜面技术大量运用到家具上，营造出一种冰清玉洁的居室质感，另外，除了有较强的装饰时代感外，镜面玻璃的反射效果能够从视觉上增大空间，令空间更加明亮、通透。

③ 织锦

织锦是指用染好颜色的彩色经纬线，经提花、织造工艺而织出图案的织物，具有非常华美的花纹，曾一度为宫廷用品。织锦用于新欧式风格的家中，可以令居室氛围显得华美。

1 线条简化的复古家具

新欧式家具在古典家具设计师求新求变的过程中应运而生，是一种将古典风范与个人的独特风格和现代精神结合起来而改良的一种线条简化的复古家具，使复古家具呈现出多姿多彩的面貌。

2 描金漆家具

描金漆家具是可分为黑漆理描金、红漆理描金、紫漆描金等。黑色漆地或红色漆地与金色的花纹相衬托，具有异常纤秀典雅的造型风格，是新欧式风格家居中经常用到的家具类型。

3 猫脚家具

猫脚家具的主要特征是用扭曲形的腿来代替方木腿，这种形式打破了家具的稳定感，使人产生家具各部分都处于运动之中的错觉。猫脚家具富有一番优雅情怀，令新欧风居室满满都是轻奢浪漫味道。

TIPS：
新欧式风格的配色以淡雅为主

新欧式风格不同于古典欧式风格喜欢用厚重、华丽的色彩，而是常常选用白色或象牙白做底色，再糅合一些淡雅的色调，力求呈现出一种开放、宽容的非凡气度。

一看就懂的软装色彩

① 金属色

最典型的搭配是与白色组合，纯净的白色配以金、银、铁的金属器皿或是金属色的木器漆，将白与金属不同程度的对比与组合发挥到极致。令空间具有低调的奢华感。

② 大地色系

大地色系是泥土等天然事物的颜色，再辅以土生植物的深红、靛蓝，加上黄铜，便具有一种大地般的浩瀚感觉。在新欧式风格中大地色作为主色使用，最好加入金色工艺品点缀，会显得更加有气势。大地色系可以令人很强烈地感受到传统欧式的历史痕迹与浑厚的文化底蕴。

③ 米黄色系

米黄色属于比较柔和的色彩，可以作为家具主体色使用，与白色、蓝色、绿色、木色等靓丽的颜色搭配，能够塑造出带有清新、自然的新欧式风格氛围。

软装家具
软装饰品
软装材质
软装色彩
不同人群的软装搭配

Chapter 6

不同家居风格的软装搭配

4 无色系

黑、白两色组合搭配，以黑色为主体家具的色彩，白色为背景色，蓝色、米黄、暗红等色彩可用作跳色，也十分具有新欧式风格的特征，令空间朴素、大气而不乏时尚感，呈现出一派低调的奢华感。

5 蓝色系

蓝色是神秘的色彩，作为软装主色时，色调比较活跃，搭配软装饰品时色彩可适当淡雅一些，能够塑造出新欧式风格的典雅氛围。

6 白色+大地色系

居室色彩搭配时以白色为主色，地毯、装饰画等软装使用大地色作为配色，能够塑造出具有柔和明快感、亲切感的新欧式韵味。

TIPS:
新欧式风格配色高雅而和谐

新欧式风格保留了古典主义材质、色彩的精髓，仍然可以感受到强烈的传统痕迹与浑厚的文化底蕴。高雅而和谐是新欧式风格软装的配色特点，白色、金色、黄色、暗红是新欧式风格中常见的主色调，给人以开放、宽容的非凡气度。

一看就懂的软装饰品

软装家具

软装饰品

软装材质

软装色彩

不同人群的软装搭配

Chapter 6

不同家居风格的软装搭配

① 天鹅陶艺品

在新欧式风格的家居中，天鹅陶艺品是经常出现的装饰物，不仅因为天鹅是欧洲人非常喜爱的一种动物，而且其优雅曼妙的体态，与新欧式的家居风格十分相配。

② 帐幔

帐幔具有很好的装饰效果，因此在新欧式风格的卧室中被广泛运用。这一装饰元素不仅可以为居室带来浪漫、优雅的氛围，放下来时还会形成一个闭合或半闭合的空间，独有神秘感。

③ 欧式风格茶具

欧式茶具不同于中式茶具的素雅、质朴，而呈现出华丽、圆润的体态，用于新欧式风格的家居中不仅可以提升空间的美感，而且闲暇时光还可以用其喝一杯香浓的下午茶，可谓将实用与装饰结合得恰到好处。

TIPS:
新欧式风格形状与图案以轻盈优美为主

新欧式风格的家居精炼、简朴、雅致，无论是家具还是工艺品都做工讲究，装饰文雅，曲线少，平直表面多，显得更加轻盈优美；在这种风格的家居中的装饰图案一般为玫瑰、水果、叶形、火炬等。

201

美式乡村家居风格的软装搭配

温暖、舒适

软装快照

（1）美式乡村风格摒弃烦琐和豪华，以舒适为向导，强调"回归自然"。

（2）常用软装材料：做旧的实木材料、亚麻制品、大花布艺、自然裁切的石材。

（3）软装家具：粗犷的木家具、皮沙发、摇椅、五斗柜、四柱床。

（4）软装色彩：棕色系、褐色系、米黄色、暗红色、绿色。

（5）软装饰品：铁艺灯、彩绘玻璃灯、金属风扇、自然风光的油画、大朵花卉图案地毯、壁炉、金属工艺品、仿古装饰品、野花插花、大型盆栽。

（6）软装形状图案：鹰形图案、人字形吊顶、藻井式吊顶、浅浮雕、圆润的线条（拱门）。

美式乡村风格的家具实用性与装饰性并存

美式乡村风格家具的一个重要特点是其实用性比较强，比如有专门用于缝纫的桌子，可以加长或拆成几张小桌子的大餐台。另外，美式家具非常重视装饰，风铃草、麦束、瓮形等图案，都是常见的装饰。

▲木色的家具，造型古朴精美，与美式乡村风格搭配和谐

▲亚麻沙发与皮质座椅相搭配，令空间更具自然舒适感

一看就懂的软装材料

软装家具

软装饰品

软装材质

软装色彩

不同人群的软装搭配

Chapter 6 不同家居风格的软装搭配

① 做旧的实木材料

美式乡村风格的家具主要使用可就地取材的松木、枫木，不加雕饰，仍保有木材原始的纹理和质感，还刻意添上仿古的瘢痕和虫蛀的痕迹，创造出一种古朴的质感，展现原始粗犷的美式风格。

TIPS:
红色砖墙与做旧的实木家具更搭配

美式乡村风格追求自由、原始的氛围，因此做旧的实木家具与红色砖墙相搭配，在形式上形成古朴自然的气息，能很好地表现美式乡村风格的理念，独特的造型感也可为室内增加一抹亮色。

② 亚麻制品

亚麻纤维是世界上最古老的纺织纤维，亚麻纤维制成的织物具有古朴气息，能够制造出一种粗糙简朴的感觉，与美式乡村风格非常契合，因此多用于美式乡村风格中的窗帘、沙发套、床品等部位。

③ 大花布艺

美式乡村风格布艺织物非常重视生活的自然舒适性，突出格调清婉惬意，外观雅致休闲。多以形状较大的花卉图案为主，图案神态生动逼真。

一看就懂的软装家具

1 粗犷的木家具

美式乡村风格的家具体型庞大，具有较高的实用性，实木材料常雕刻复杂的花纹造型，然后有意地给实木的漆面做旧，产生古朴的质感。

2 描金漆家具

描金漆家具是可分为黑漆描金、红漆描金、紫漆描金等。黑色漆地或红色漆地与金色的花纹相衬托，具有异常纤秀典雅的造型风格，是新欧式风格家居中经常用到的家具类型。

3 摇椅

摇椅是一种特殊形式的椅子，能够提升生活质量和增加生活情趣，也是美式乡村风格经常用到的休闲椅。使用实木材质或藤竹材质，更能体现悠闲自得的氛围。

4 五斗柜

五斗柜的造型上多雕刻有复杂的花式纹路，然后喷涂木器漆，使五斗柜保持原木的颜色与纹理。五斗柜可以摆放在餐厅做餐边柜使用，可以摆放在卧室做简易的化妆台等。在五斗柜的上面摆放美式乡村的工艺品，可令空间更具氛围。

一看就懂的软装色彩

软装家具

软装饰品

软装材质

软装色彩

不同人群的软装搭配

不同家居风格的软装搭配

Chapter 6

1 棕色系

棕色常被联想到泥土、自然、简朴。它给人可靠、有益健康的感觉。以棕色系为主的美式乡村风格，以白色、米黄等浅色调布艺织物作搭配，具有历史感和厚重感。

2 褐色系

褐色，是处于红色和黄色之间的任何一种颜色。褐色系效果类似棕色系，但是没有棕色系沉闷。以褐色为主的美式乡村风格沉稳大气，但厚重感有所降低。通常地毯、窗帘、床品、挂画都可以使用褐色系，搭配黄色或红色的工艺品作为点缀使用。

3 米色系

米色是比较柔和的色彩，与前两种相比更清爽、素雅，以米色系为主的色彩搭配具有质朴感，同时最好选用色彩浓郁的工艺品作为跳色，会令空间更具层次感。

④ 红色+绿色

红色和绿色是一对强烈的对比色，在美式乡村风格中作为主色使用时，应该选用明度和纯度较低的色调，这样可以降低视觉的刺激度，令两个色彩更为融合。打造出居室的质朴感和活泼感。家具可以以红色为主，挂画和各类工艺品可以搭配绿色，但是地毯最好不要用绿色系，因为与红色家具对比过于强烈，会不协调。

⑤ 红色+蓝色

红色和蓝色也可替代棕色或褐色最为主色使用，所打造的居室富有浓郁的美式民族风情，适合喜欢明亮色调和民族风情的人群，其中红色可以作为主体家具的色彩，蓝色作为布艺织物的颜色。如果大面积使用某一颜色，最好降低纯度，以免过于刺激视觉。

𝒯IPS:
美式乡村风格色彩散发着泥土的芬芳

自然、怀旧、散发着浓郁泥土芬芳的色彩是美式乡村风格的典型特征。以自然色调为主，绿色、土褐色最为常见。地面则多采用橡木色、棕褐色，有肌理的复合地板。使阳光和灯光射在地面上不反光。脚踏上去有实木感。

 一看就懂的软装饰品

① 铁艺灯

铁艺灯的主体是由铁和树脂两部分组成，铁制的骨架能使它的稳定性更好，树脂能使它的造型更多样化。铁艺灯的色调以暖色调为主，这样就能散发出一种温馨柔和的光线，更能衬托出美式乡村家居的自然与拙朴。

② **自然风光的油画**

美式乡村家居多会选择一些大幅的自然风光的油画来装点墙面。其色彩的明暗对比可以产生空间感，多彩的自然风光更能令人感到温馨愉悦，适合美式乡村家居追求"回归自然"的需求。

③ **大型盆栽**

美式乡村风格的家居配饰多样，非常重视生活的自然舒适性，格调清婉惬意，外观雅致休闲。其中各类大型的绿色盆栽是美式乡村风格中非常重要的装饰运用元素。这种风格非常善于利用设置室内绿化，来创造自然、简朴、高雅的氛围。

④ **鹰形图案工艺品**

白头鹰是美国的国鸟，代表勇猛、力量和胜利。在美式乡村风格的家居中，这一象征爱国主义的图案也被广泛地运用于装饰中，比如鹰形工艺品，或者在家具或墙面装饰上体现这一元素。

软装家具

软装饰品

软装材质

软装色彩

不同人群的软装搭配

Chapter 6

不同家居风格的软装搭配

田园家居风格的软装搭配

自然、有氧

软装快照

（1）重视对自然的表现是田园风格的主要特点，同时它又强调浪漫与现代流行主义。

（2）常用软装材料：天然材料、木材/板材、大花/碎花布艺。

（3）软装家具：碎花布艺沙发、象牙白家具、手绘家具、铁艺床、四柱床。

（4）软装色彩：绿色+白色、粉色+绿色、黄色+绿色、木色、紫色系等明媚的颜色。

（5）软装饰品：田园吊扇灯、蕾丝布艺灯罩、自然色调窗帘、带有花草图案的地毯、自然工艺品、小体量插花、法式花器、木质相框、彩绘陶罐。

（6）软装形状图案：碎花、格子、条纹、雕花、花边、花草图案、金丝雀。

明媚配色令欧式田园风格更具自然风情

田园风格以明媚的色彩为主要色调，鲜艳的红色、黄色、绿色、蓝色等，都可以为家居带来浓郁的自然风情；另外，田园风格中，往往会用到大量的木材，因此木色在家中曝光率很高，而这种纯天然的色彩也可以令家居环境显得自然而健康。

▲清新的绿色调与大花布艺沙发相搭配，令客厅充满了春天的生机

▲木色的家具与舒适的布艺沙发共同演绎出大自然的温馨

一看就懂的软装材料

软装家具

软装饰品

软装材质

软装色彩

不同人群的软装搭配

Chapter 6

不同家居风格的软装搭配

① 天然材料

田园风格表现的主题以贴近自然、展现朴实生活的气息为主。它最大的特点就是：朴实，亲切，实在。因此，田园风格的家居多用木料、石材等天然材料，这些自然界原来就有，未经加工或基本不加工就可直接使用的材料，其原始自然感可以体现出法式田园的清新淡雅。

② 大花/碎花布艺

在田园风格中，布艺织物喜欢运用花卉图案的材质，无论是大花图案，还是碎花图案，都可以很好地诠释出田园风格特征，即可以营造出一种清新、浪漫气息。

③ 木材

田园的家居风格中，在木材的选择上多用胡桃木、橡木、樱桃木、榉木、桃花心木、楸木等木种。一般的设计都会保留木材原有的自然纹路，然后将家具在这些原木的基础上粉刷成奶白色，令整体感觉更为优雅细腻。

一看就懂的软装家具

① 碎花布艺沙发

田园风格是具有浓郁的人文风情和家居生活特征的代表之一。在家具的选择上，喜欢舒适的家具，在细节方面可以选用自然材质家具，充分体现出自然的质感。此外，色彩鲜艳的碎花布艺沙发，也是欧式田园风格客厅中的主角。

2 象牙白家具

象牙白可以给人带来纯净、典雅、高贵的感觉，也拥有着田园风光那种清新自然之感，因此很受田园风格的喜爱。而象牙白家具往往显得质地轻盈，在灯光的笼罩下更显柔和、温情，很有大家闺秀的感觉。

3 手绘家具

手绘家具也称为"手绘风格家具"，起源于16～17世纪的欧洲，原本是农人在劳动之余信手在家具上作画，来表达劳动和丰收的喜悦，以及大自然的美好。其来源于自然的特征，与田园风格的居室十分吻合。

4 铁艺床

"铁艺"是田园风格装饰的精灵，或为花朵，或为枝蔓，或灵动，或纠缠，无不为居室增添浪漫、优雅的意境。用上等铁艺制作而成的铁架床、铁艺与木制品结合而成的各式家具，足以令田园风格的空间更具风味。

一看就懂的软装色彩

软装家具

软装饰品

软装材质

软装色彩

不同人群的软装搭配

Chapter 6

不同家居风格的软装搭配

1 绿色+白色

绿色和大自然与植物紧密相关，让人联想到清新、平静、生机，与白色组成素雅感和生机感的一种搭配方式，非常适合面积较小的空间使用。但需要注意，田园风格的家具最好以白色为主，绿色作为家具的配色，如抱枕，单个座椅，床品等。

2 粉色+绿色

粉色与爱情和浪漫相关。它是个时尚的颜色，比红色更柔和，绿色和粉色相搭配能构建出天真、甜美的氛围，若同时搭配白色，则具有唯美感。但需要注意两者一定要分清主次，若布艺织物以粉色为主，工艺品可以作为点缀而使用绿色，令空间更活跃。反之亦然。

3 黄色+绿色

黄色给人轻快、充满希望和活力的感觉。绿色与黄色搭配犹如阳光和草地，能够塑造出令人心旷神怡的田园氛围。可以采用黄色为背景色，绿色为主体色的搭配方式，同时要注意主体色的纯度可适当降低，令整个色调更加和谐、稳定。

1 田园吊扇灯

　　田园吊扇灯是灯和吊扇的完美结合，具灯的装饰性，又具吊扇的实用性，可以将古典和现代完美体现，是田园风格的家居中非常常见的灯具装饰。

2 蕾丝布艺灯罩

　　田园风格居室中的灯具可以继续沿用碎花装饰，其中蕾丝布艺灯罩的运用，仿佛为居室吹来了丝丝乡村田园风，给人温馨和舒适之感。这样的灯罩不仅可以按自己的心意选购，也可以自己准备喜欢的花布纯手工打造。

3 自然色调窗帘

　　在田园风格的家居中，窗帘以花卉图案为主，同时条纹与格子图案也应用广泛；色彩以自然色调为主，紫色、酒红、墨绿、土褐色最为常见；而面料多采用棉麻材质，有着极为舒适的手感和良好的透气性。

④ 带有花草图案的地毯

田园风格的地毯其图案也常以花草为主，无论是繁复的大花图案，还是雅致的碎花图案，无不为居室增添柔美气息。另外，自然材质的地毯，属于低碳环保的绿色材料，不仅能带给舒适的脚感，更是可以为家居空间带来清新自然、健康环保的生活气息。

⑤ 自然工艺品

打造田园家居氛围，并非要彻头彻尾地通室装饰，一两件极具田园气质的工艺品，就能塑造出别样情怀。如石头、树枝、藤等，一切皆源于自然，可以不动声色地发挥出自然的魔力。

⑥ 小体量插花

在田园风格的家居中，插花一般采用小体量的花卉，如薰衣草、雏菊、玫瑰等，这些花卉色彩鲜艳，给人以轻松活泼、生机盎然的感受。另外，田园家居中经常会利用图案柔美浪漫、器形古朴大气的各式花器配合花卉来装点居室。

软装家具

软装饰品

软装材质

软装色彩

不同人群的软装搭配

Chapter 6

不同家居风格的软装搭配

东南亚家居风格的软装搭配

具有异域风情

软装快照

（1）东南亚风格是东南亚民族岛屿特色及精致文化品位相结合的设计，把奢华和颓废、绚烂和低调等情绪调成一种沉醉色，让人无法自拔。

（2）软装材料：原木、石材、藤、麻绳、彩色玻璃、青铜、绸缎绒布。

（3）软装家具：实木家具、木雕家具、藤制家具、无雕花架子床。

（4）软装色彩：大地色+白色、大地色+米色、大地色系、棕红色+蓝色、紫色系。

（5）软装饰品：佛手、木雕、锡器、纱幔、大象饰品、泰丝抱枕、青石缸、花草植物。

（6）软装形状图案：树叶图案、芭蕉叶图案、莲花图案、莲叶图案、佛像图案。

天然材料是东南亚室内装饰首选

东南亚风格广泛地运用木材和其他的天然原材料，如藤条、竹子、石材等，局部采用一些金属色壁纸、丝绸质感的布料来进行装饰。在配饰上，那些别具一格的东南亚元素，如佛像、莲花等，都能使居室散发出淡淡的温馨与悠悠禅韵。

▲具有禅意的佛像常常出现在东南亚风格中，令空间倍加神秘

▲紫色的纱幔与泰丝抱枕的结合，显示出东南亚风格特有的热带风情

一看就懂的软装材料

软装家具

软装饰品

软装材质

软装色彩

不同人群的软装搭配

Chapter 6

不同家居风格的软装搭配

① 原木

原木以其拙朴、自然的姿态成为追求天然的东南亚风格的最佳材料。用浅色木家具搭配深色木硬装，或反之用深色木家具来组合浅色木硬装，都可以令家居呈现出浓郁的自然风情。

② 石材

东南亚石材并不等同于常用的大理石或花岗岩等表面光滑的材料，它具有地域特色，表面带有石材特有的质感，搭配木质家具会营造出古朴、神秘的氛围。

③ 彩色玻璃

彩色玻璃不仅色彩斑斓、透光性好，而且富有神秘气息。同时由于玻璃本身特性，表层颜色经过长时间摩擦消失后，里面的颜色还可以反射到表层。色彩保持时间长久。在东南亚风格中多应用于各类艺术物品，如灯罩、花瓶、工艺品等。

4 青铜

东南亚地区存在一个时间持续相当长的青铜文化时代。古代铜鼓代表着东南亚青铜时代繁荣的顶峰，至今在东南亚风格中青铜器也很常见，大多为佛像和各种工艺品摆件。

一看就懂的软装家具

1 木雕家具

木雕家具是东南亚家居风格中最为抢眼的部分，其中柚木是制成木雕家具最为合适的上好原料。它的抛光面颜色可以通过光合作用氧化而成金黄色，颜色会随时间的延长而更加美丽。柚木做成的木雕家具有一种低调的奢华，典雅古朴，极具异域风情。

2 藤制家具

在东南亚家居中也常见藤制家具的身影。藤制家具天然环保，最符合低碳环保的要求，它具有吸湿、吸热、透风、防蛀虫，不易变形和开裂等物理性能，可以媲美中高档的硬杂木材。

一看就懂的软装色彩

软装家具

软装饰品

软装材质

软装色彩

不同人群的软装搭配

Chapter 6

不同家居风格的软装搭配

1 大地色+白色

　　大地色系沉稳、古朴，明度较低，而加入清爽的白色，令空间兼具朴素感和明快感，非常适合具有热带风情的东南亚风格的色彩搭配。一般背景和主体家具可以采用大地色系，布艺织物采用白色系。

2 大地色+米色

　　大地色系和米色系搭配是最具有泥土般亲切感的配色方式，明度对比温柔、舒适，层次感丰富，适合多数户型。这种配色方式的主角色应为大地色系，然后再搭配米色作为背景色使用。

3 大地色系

　　大地色系的组合搭配出的居室效果比较厚重，具有稳健、亲切的感觉以及磅礴的气势，因为家具和布艺织物颜色都较深，所以此种配色不太适合小空间。

4 大地色系+绿色系

　　大地色系和绿色系搭配象征着雨林中的泥土和生机勃勃的绿植，通常采用木质框架或家具搭配绿色布艺、工艺品装饰。

5 棕红色+蓝色

蓝色是最冷的色彩，它非常纯净，通常让人联想到天空、水、宇宙。与棕红色搭配，色彩对比强烈，能够强化东南亚风格的异域风情，增添一些清新的感觉。一般家具可以使用棕红色的木质家具，搭配蓝色的布艺织物为配角色，同时软装饰品可用黄色作为中间色点缀。

6 紫色系

紫色系具有神秘、浪漫的感觉，能够活跃气氛，这种夸张艳丽的色彩能够冲破视觉的沉闷。在东南亚风格中多搭配泰丝或者布艺来表现。

TIPS:
东南亚风格配色或质朴或艳丽

东南亚风格的软装配色可分为两大类，一种是以原藤、原木的木色色调为主，或多为褐色、咖啡色等大地色系，在视觉上有泥土的质朴感，搭配布艺的恰当点缀，会使气氛相当活跃；另一种是用彩色作软装主色，如红色、绿色、紫色等，墙面局部有时会搭配一些金色的壁纸，再配以绚丽的泰丝布艺，用夸张艳丽的色彩表现原汁原味的热带风情。

一看就懂的软装饰品

1 佛手

东南亚国家多具有独特的宗教和信仰，因此带有浓郁宗教情结的家饰相当受宠。在东南亚家居中可以用佛手来装点，这一装饰可以令人享受到神秘与庄重并存的奇特感受。

2 木雕

东南亚木雕品基本可以分为泰国木雕、印度木雕、马来西亚木雕三个品种，其主要的木材和原材料包括柚木、红木、杪椤木和藤条。其中木雕的大象、雕像和餐具都是很受欢迎的室内装饰品。

3 锡器

东南亚锡器以马来西亚和泰国产的为多，无论造型还是雕花图案都带有强烈的东南亚文化印记，因此成为体现东南亚风情的绝佳室内装饰物。

4 大象饰品

大象是东南亚很多国家都非常喜爱的动物，相传它会给人们带来福气和财运，因此在东南亚的家居装饰中，大象的图案和饰品随处可见，为家居环境增加了生动、活泼的气氛，也赋予了家居环境美好的寓意。

5 泰丝抱枕

艳丽的泰丝抱枕是沙发上或床上最好的装饰品，明黄、果绿、粉红、粉紫等香艳的色彩化作精巧的靠垫或抱枕，跟原色系的家具相衬，香艳的愈发香艳，沧桑的愈加沧桑；单个的泰丝抱枕基本在几十至几百元之间，可以根据预算加以选择。

软装家具

软装饰品

软装材质

软装色彩

不同人群的软装搭配

Chapter 6　不同家居风格的软装搭配

地中海家居风格的软装搭配

富有海洋气息

软装快照

（1）地中海家居风格装修设计不需要太过烦琐，而且保持简单的意念，捕捉光线、取材大自然，大胆而自由地运用色彩、样式。

（2）常用软装材料：马赛克、做旧的原木、铁艺、陶瓷、海洋风布艺、竹藤。

（3）软装家具：布艺沙发、铁艺家具、木质家具、竹藤家具、船形家具、白漆四柱床。

（4）软装色彩：蓝色+白色、蓝色+米色、土黄色+红褐色、黄色+橙色+绿色、大地色、黄色+蓝色、白色+绿色。

（5）软装饰品：地中海拱形窗、地中海吊扇灯、贝壳装饰、海星装饰、船模、船锚装饰、蓝白条纹座椅套、格子桌布、铁艺装饰品、瓷器挂盘。

（6）软装形状图案：拱形、条纹、格子纹、鹅卵石图案、罗马柱式装饰线、不修边幅的线条。

做旧处理的地中海家具令家居环境更具质感

地中海家具以古旧的色泽为主，一般多为土黄色、棕褐色、土红色。线条简单且浑圆，非常重视对木材的运用，家具有时会直接保留木材的原色。地中海式风格家具另外一个明显的特征为家具上的擦漆做旧处理。这种处理方式除了让家具流露出古典家具才有的质感以外，还能展现出家具在地中海的碧海蓝天之下被海风吹蚀的自然印迹。

▲擦漆做旧处理的实木家具，保留了原木的纹理，充分表现出自然的美感

▲蓝白相间的餐桌椅朴实无华，却彰显出地中海风格追求自由、天然的情调

一看就懂的软装材料

软装家具

软装饰品

软装材质

软装色彩

不同人群的软装搭配

不同家居风格的软装搭配

Chapter 6

① 马赛克

马赛克小巧玲珑、色彩斑斓。能给居室带来勃勃生机。是凸显地中海气质的一大法宝，令空间更加雅致。可用作家具、挂画或手工艺品的装饰。

② 铁艺

铁艺制品，有着古朴、典雅、粗犷的艺术风格。无论是铁艺烛台，还是铁艺花器、铁艺家具等，都可以成为地中海风格家居中独特的美学产物。

③ 做旧的实木

这类实木通常涂刷天蓝、白色的木器漆，做旧处理的工艺造型。客厅的茶几、餐厅地餐桌椅以及各个空间的柜体等家具，都可以使用，以烘托地中海风格的自然气息。

一看就懂的软装家具

① 布艺沙发

布艺沙发以其天然的材质可以令居室传递出自然、质朴的感觉。在地中海风格的家居中，条纹布艺沙发、方格布艺沙发都能令居室呈现出清爽、干净的格调，仿佛地中海吹来的微风一样，令人心旷神怡；另外，具有田园风情的花朵纹样的布艺沙发，也是地中海风格可以考虑的对象。

② 船形家具

船形的家具是非常能体现出地中海风格家居的元素之一，其独特的造型既能为家中增加一分新意，也能令人体验到来自地中海岸的海洋风情。在家中摆放这样的一个船形家具，浓浓的地中海风情呼之欲出。

③ 白漆四柱床

双人床通体刷白色木器漆，床的四角分别凸出四个造型圆润的圆柱。这便是典型的地中海风格的双人床，这类双人床精致、美观，可以表现出地中海风格不受拘束、向往自然的情怀。

④ 竹藤家具

在希腊爱琴半岛地区，手工艺术的盛行，使得当地的人们对自然竹藤编织物非常重视，因此竹藤家具在地中海地区占有很大的比重，它们从不受现代风格的支配，祖先流传下来的古旧家具被这里的人们小心翼翼地保护着，他们相信这些家具使用的时间越长，就越能体现出古老的风味。

一看就懂的软装色彩

① 蓝色+白色

蓝色与白色的搭配，可谓地中海风格家居中最经典的配色，不论是蓝色的门窗搭配白色的墙面，还是蓝白相间的家具，如此干净的色调无不令家居显得雅致而清新。

② 蓝色+米色

将蓝、白组合中的白色替换为米色，在清新感中增添了一丝柔和，令居室不那么冰冷，家具、窗帘、地毯等，都可以采用蓝色和米色相搭配的色彩。

③ 土黄色+红褐色

这是北非特有的沙漠、岩石、泥、沙等天然景观颜色，再辅以北非土生植物的深红色、靛蓝色，加上黄铜，构成地中海风格的一种，如同大地般浩瀚的感觉。一般可采用红褐色的主体家具，搭配土黄色的地毯、窗帘、灯饰等软装。

④ 黄色+橙色+绿色

南意大利的向日葵、南法的薰衣草花田，金黄与橙紫的花卉与绿叶相映，形成一种别有情趣的色彩组合。这种配色方式可以表现为橙色的主体家具，绿色的背景色，搭配黄色的饰品。

一看就懂的软装饰品

① 地中海拱形窗

地中海风格中的拱形窗在色彩上一般运用其经典的蓝白色，另外镂空的铁艺拱形窗也能很好地呈现出地中海风情。

2 贝壳、海星等海洋装饰

在地中海浓郁的海洋风情中，当然少不了贝壳、海星这类装饰元素，这些小装饰在细节处为地中海风格的家居增加了活跃、灵动的气氛。

3 船、船锚等装饰

船、船锚这类小装饰也是地中海家居钟爱的装饰元素，将它们摆放在家居中的角落，尽显新意的同时，也能将地中海风情渲染得淋漓尽致。

4 海洋风窗帘

地中海风格的窗帘色彩以色彩明快的蓝色、白色和黄色为主，而窗帘的纹理不必花哨，以简洁、素雅的样式烘托空间内的家具、墙面的造型与装饰品等。

5 清新的丝绸床品

地中海风格的主要特点是带给人轻松的、自然的居室氛围，因此床品的材质通常采用丝绸制品，并搭配轻快的地中海经典色。使卧室看起来有一股清凉的气息，似迎面扑来徐缓的、微凉的海风。